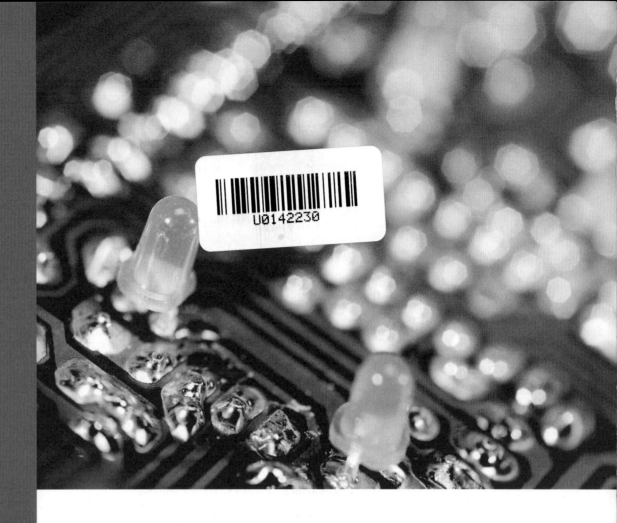

高功率LED驅動電路
設計與應用

Power Supplies for LED Driving

Steve Winder 著　陸瑞強 譯

Elsevier Taiwan LLC · 五南圖書出版公司 合作出版

作者序

發光二極體 LED 的問世已久，起初僅作為紅色的指示燈使用，接著黃光、橘光、綠光以及最晚出現的藍光 LED 使應用層面大幅擴展，用途包括交通指示燈、車燈和壁式照明（情境照明）等等。近年來，還發展出利用藍光 LED 結合黃色磷光體混合成的白光 LED。因為對 LED 照明的需求呈現穩定地增加，1W、3W 或 5W 功率的 LED 也越來越常被使用。

當電流很低時（約小於 20mA），驅動單顆或多顆串聯的 LED 比較簡單。例如 350mA、700mA、1A 或更大電流的 LED 則不易驅動。當然，在不考慮功率損失時，利用一個簡單的線性調節器或限流電阻即可完成驅動電路，但通常會用到高效率的切換式調節電路以避免功率損耗或產生熱能。在 LED 串聯後所需的驅動電壓高於輸入電壓或輸入電壓變動範圍很大時，切換式調節電路是不可或缺的，但是「切換式」也代表了電磁輻射干擾 EMI 的存在，是無法忽視的問題。

本書說明了許多種的 LED 驅動方法，目的在於：(1) 提供合適的驅動電路，以利 LED 的應用；(2) 以實例說明工作原理；(3) 避免工程師在設計電路時犯錯。然而，本書仍無法道盡所有的相關知識，讀者可依所需進一步閱讀相關的書籍。

書中的內容取材自元件規格書、產品應用指南、廠商訓練手冊以及請益我在 Supertex 公司的同事們，特別是 Rohit Tirumala 和 Alex Mednik 兩位，在此感謝他們。

目　錄

第一章
導論
Introduction

　　身為一個在研發功率發光二極體驅動積體電路方面具有領先地位的應用工程師，我曾碰過許多潛在客戶不清楚或者對於如何適當地驅動 LED 電路毫無概念。舊式的 LED 僅需 20mA 的電流即可應用在許多地方，但隨著近年來功率需求不斷的增加，額定電流為 30mA、50mA、100mA、350mA 或更高的 LED 已隨處可見。有的廠商會生產功率高達 20W 或更高的 LED 晶片陣列組，但隨著功率 LED 的大量使用，LED 晶片陣列組很快的就會消失。

　　功率 LED 的應用已經逐漸增加，例如燈管式照明（招牌）、交通號誌、路燈、車燈、情境照明（可變色的崁燈）、戲院臺階照明和緊急出口照明等。當 LED 功率逐漸增大時，例如高亮度 LED（HB-LED）和超高亮度 LED（UB-LED）等稱號也會變得毫無意義。本書會涵蓋所有類型的 LED 驅動電路，從低功率至超高亮度 LED，甚至功率更高的 LED 驅動電路。

　　功率 LED 驅動電路是否很簡單？答案通常為否。只有少數的情況可以使用簡單的線性穩壓電路，但多數情況需要使用定電流輸出的切換式電源供應器。線性驅動電路的效率不佳，而且還會過熱。至於切換式電源供應器的主要考量則是電磁輻射干擾和效率，當然還有成本，主要的問題在於如何設計出合乎安全法規、效率高且成本最低的電路。

1.1　目的及方法

　　本書以實用的方法為主，但為了瞭解後續章節所需會導入部分的理論，而先瞭解元件特性會有助於有效地應用元件。

　　在本書大部分的章節內含有一小節稱之為常見錯誤，會提出工程師常犯之錯誤，以及應如何避免，希望讀者不會犯下同樣的錯誤。雖說，人可以從自己所犯的錯誤中學習，但也可以從他人的錯誤中學習。本書所提的錯誤都是重大的錯誤，值得謹記在心。

　　設計工程師的第一個問題通常是：如何在不同的電路種類中做出選擇？何時要用降壓型、降升壓型或升壓型轉換電路？為何 Cuk 升降壓型轉換電路優於返馳型轉換電路？本書將會在切換式電源供應器的章節開頭部分討論到這些主題。

本書的設計章節均會提到電源供應器的設計方程式，並用實際的電源供應器設計作為範例。對切換式電源供應器而言，需利用方程式計算以選用正確的元件；用錯元件會生產出不良的電源供應器，也要花費大量的矯正功夫。功率 LED 會在小面積內產生大量的熱量，讓熱管理變得困難，因此 LED 附近的電源供應器的效率要高，不可加入太多的熱效應。

本書還會討論到如何把計算出的元件值換成標準值，因為這會是個很實際的問題。在許多的應用中，客戶希望使用標準化的商用零組件，易於取得且成本較低，不過計算出的結果很少會剛好是標準值，所以需要妥協。有時差異很小可忽略，有時用較大的標準值（或較小的標準值）可能會有較佳的結果，但任何元件值的改變均會對最後結果造成某種程度的誤差。

以變更過的元件值驗證書中設計的範例有助於讀者瞭解設計流程，也就是設計過程的順序。因此本書還會說明計算元件值與所使用的實際元件值的比較，並解釋為何要使用這些元件。

1.2　內容概述

在第 2 章中，對 LED 的應用說明可看出 LED 驅動電路的普及度，也會說明如何應用 LED 物理特性的優點。瞭解 LED 的特性以瞭解如何適當地驅動 LED 非常重要，其中的一項特性是顏色，LED 的發光頻譜非常窄，所以顏色非常純淨。LED 的顏色會決定 LED 導通時的不同電壓降，而電壓會隨著電流大小而變，不過電流大小又會決定光線的輸出量，電流越大則 LED 的亮度越高。此外，LED 的光線輸出特性還有強度以及光束的分佈。

第 3 章會說明幾種驅動 LED 的方式。大多數的電子電路傳統上由電壓源驅動，因此工程師在驅動 LED 時自然沿用此習慣，問題是這與 LED 的電源需求不太相符。因為定電流負載需要用定電壓源，而像 LED 這類的定電壓負載則要用定電流源。

因此，當要用定電壓電源供應器時，需用某種形式的電流控制電路與 LED 串聯，而加上串聯電阻或主動調節電路則可試著製造出定電流電源供應器。在實際的電路中，任一部分的短路都會造成重大故障，所以要有保護電路。利用電流監測電路可

檢測出 LED 故障，也可用來檢測負載開路。若不用具有限流器的定電壓電源供應器時，不如就改用定電流電源供應器。至於定電壓電源供應器和電流調節電路的優點將會在第 4 章中討論。

第 3 章還會討論定電流電路的特性，當用定電流源時，需提供某種電壓限制配置，以免負載斷路。開路保護的形式很多，因短路故障對電流大小沒有影響，所以電壓監測會是較佳的故障偵測機制，讓電路因開路故障時，電壓僅會升高到開路保護限制的上限。

第 4 章討論線性電源供應器，最簡單的為定電流源的電壓調節器。線性電源供應器的優點之一是不會產生電磁輻射干擾，所以不需要濾波電路；最大的缺點是熱散逸，此外還有需確保負載電壓要低於電源電壓的限制，此限制所造成的缺點是線性電源供應器的應用範圍有限。

第 5 章討論最基本的切換式 LED 驅動電路：降壓型轉換電路。降壓型轉換電路驅動的輸出電壓一定低於輸入電壓，為一種步降式的電路，本書會用一個設計範例帶領讀者走過一遍整個設計流程。

第 6 章討論升壓型轉換電路，其應用很多，包括電視、電腦監視器和衛星導航顯示螢幕的液晶螢幕背光板。升壓型轉換電路驅動的輸出電壓一定高於輸入電壓，為一種步升式的電路。本書會用設計範例帶領讀者走過連續模式和不連續模式的設計流程。

第 7 章討論升降壓兩用型轉換電路，可驅動高於或低於輸入電壓的負載，不過，此種轉換電路的效率低於單純的降壓型或升壓型轉換電路。

第 8 章討論特殊的轉換電路：降升降壓型和 Bi-Bred，這些轉換電路可用在交流輸入的應用中，例如交通號誌、路燈和一般照明。此類轉換電路結合功率因素校正和定電流輸出的優點，而且電路設計不需用到電解電容器，所以可用於高可靠性的應用。這些額外的功能是有代價的－其效率遠低於標準的離線式降壓型轉換電路。

第 9 章討論返馳型轉換電路，此章討論的簡單切換式電路可用於定電壓或定電流輸出。在電感內使用兩組或更多組的線圈繞組可隔絕輸出，雖然 Cuk 和 SEPIC 轉換電路一般來說產生的電磁輻射干擾較低（代價是多加電感），但 LED 驅動電路有時也會使用單繞組電感的無隔絕降升壓轉換電路。

　　第 10 章涵蓋的主題對切換式電源供應器來說相當的重要，會討論各種應用最適當的電路，並利用供應電壓範圍和功率因素校正能力等名詞分析每種轉換電路的優缺點和限制。討論範圍還包括減少電磁輻射干擾的緩衝電路技術、效率改善、使用衝入限流器或軟啟動技術限制導通切換時的衝擊電流等。

　　第 11 章討論電源供應器所用的電子元件，常用的元件不一定就是最佳的選擇。切換式元件的種類很多，有：MOS 電晶體、功率電晶體和二極體，每種都有不同的特性可影響電源供應器的整體特性。利用電阻或變壓器可作電流檢測，但電阻或變壓器的種類非常重要；同樣的，電容或濾波電路元件的選用也非常重要。

　　對許多電子工程師來說，磁性元件顯得陌生而神秘，而這會在第 12 章討論。首先，材料可分為：鐵氧體磁芯、鐵粉磁芯和特殊材料磁芯；其次，磁芯的形狀和尺寸也有不同選擇。從電源供應器的設計觀點來看，最重要的一項物理特性是磁化和避免磁性飽和。

　　電磁輻射干擾 EMI 和電磁相容 EMC 為第 13 章的議題。電子設備需符合電磁輻射干擾的規範是法律所規定。良好的電磁輻射干擾設計技術可減少濾波器和屏蔽的需求，所以仔細地考慮電磁輻射干擾對減少電源供應器的成本和尺寸來說非常重要。電子設備需符合電磁相容規範也是法律所規定的，若電路會被外來的干擾所影響的話，設計再佳也沒有用。在許多的應用中，電磁相容的設計與電磁輻射干擾的設計是一致的。

　　第 14 章討論的議題為 LED 和 LED 驅動電路的發熱。LED 驅動電路的重點是效率和功率損耗。對 LED 來說，雖然製造廠商不斷地改進產品，但 LED 會把輸入的能量（電壓乘電流）大部份以熱能消耗，僅非常少部份輻射為光線。處理熱量的冷卻技術基本上為機械性的方法，可用金屬散熱器，有時再加上氣流除去熱量。溫度的計算也很重要，因為所有的半導體均有工作溫度限制。

　　另一項法律規範是安規，由第 15 章所涵蓋。產品在運作時不可傷人，而這與工作電壓有關，也是有些研發工程師是著把操作電壓低於低電壓電子安規 SELV 上限的原因。當電器設備由交流電源供電時，還要考慮隔絕、斷路器和絕緣漏電距離等等議題。

第二章
發光二極體特性
Characteristics of LEDs

　　大多數的半導體係由摻入雜質的矽所構成，加入可產生自由負電荷（電子）的材料會形成 N 型，加入可產生自由正電荷（電洞）的材料則會形成 P 型；而固定原子則分別具有正電荷及負電荷。在 PN 材料的接面，自由載子，也就是電子與電洞，會相互的結合或複合，並產生一個缺乏自由載子的狹窄區域稱之為空乏區。此本質區或空乏區內具有固定原子的正電荷及負電荷，可對抗自由載子的進一步複合，因此產生位能障，並因而得到二極體接面。

　　為了使 P-N 接面導通，必須使 P 型材料的電位較 N 型材料高，以強迫更多的正電荷進入 P 型材料，以及更多的負電荷進入 N 型材料。對矽半導體而言，當有約 0.7V 的位能差時，可提供電子足夠的能量跨過 P-N 接面的位能障而導通。

　　發光二極體 LED 亦由 P-N 接面所構成，但矽的位能障過低且為間接能帶而不適合製作 LED。第一個 LED 是由砷化鎵 GaAs 所製成，可發出波長約為 905nm 的紅外光。產生此顏色的原因是由砷化鎵的傳導帶以及價電帶的能量差所決定。當 LED 外加電壓時，電子得到足夠的能量跳躍至傳導帶，並產生電流。當電子的能量有所損失並掉回較低的能階（價電帶）時，通常可發出光子或光線，請參考圖 2.1。

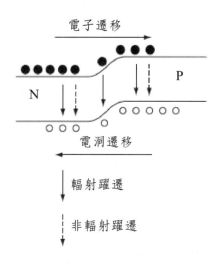

圖 2.1 　半導體之 P-N 接面的能帶圖

2.1 LED 應用

新的半導體材料很快地就發展出來，並開始使用磷砷化鎵 GaAsP 製造 LED。磷砷化鎵材料的能階高於砷化鎵，因此光波長較短。這種 LED 可產生紅色光，一開始僅作為指示之用，最常見的應用是用來顯示電源是否開啟，或例如收音機的「立體聲」正在動作中。事實上，在例如收音機、隨身聽及音響系統等主要消費性電子產品中，大量地使用紅色 LED。

當黃色及綠色 LED 出現後，應用面逐漸增加。顏色的變化可提供更多的資訊，或指示更緊急的告警。例如，用綠色表示正常，黃色表示需要注意，而紅色則表示故障。此時最主要的應用是把 LED 燈號用在交通號誌中。

從 LED 發出光線的特色之一是頻譜很窄，僅約 20nm 寬；因此色彩非常純淨。但相比之下，通訊所用的半導體雷射頻譜更窄，僅約 2nm 寬。當用在光纖通訊系統時，雷射的窄頻譜非常重要，因為可容許較大的系統頻寬，但在一般的 LED 應用中，頻寬的影響並不大。

LED 光線的另一項重要特性是，電流會轉換成光線或光子。這表示電流加倍則光亮度亦加倍，故可藉由減少電流而降低亮度。要注意的是，LED 規格的所定波長是在特定通過電流所發出的；當電流與規定電流不同時，波長會稍微改變。利用脈寬調變 PWM 進行調光是另一種常見的方法，通常以 100Hz 至 1000Hz 的頻率把 LED 開啟或關閉以調整亮度。脈波寬度減少會使亮度減弱，增加則會變亮。

LED 界的聖物是由氮化銦鎵 InGaN 製成的藍光 LED。當把紅、綠及藍等色光加在一起時，對肉眼來說看起來像白光。僅僅說看起來像白光的原因是因為，眼睛是利用錐型感光體偵測紅光、綠光及藍光，雖然 LED 的三色光頻譜之間有很大的間隙與真正白光的連續頻譜差異很大，但眼睛分不出差別。另一種方法是在藍光 LED 發光面佈上黃色磷光粉以製造出白光 LED，因黃色磷光粉會產生很寬的頻譜，當與藍光結合時，看起來像白光。

藍光 LED 一項有趣應用是牙科治療，以藍光照射作為牙齒填充材料之用的樹脂會使樹脂硬化。對此應用來說，465nm 的波長最佳，而光強度需強到足以穿透樹脂。

某些有趣的應用有賴於 LED 的純色性。生鮮食品的照明以 LED 較為合適，因

為不會發出紫外線。照片的暗房可使用不會讓底片感光的顏色（傳統的暗房使用紅色燈泡照明）。甚至是在交通號誌中，可能因國家標準的規定，僅能發出某種範圍內的色光。

要注意的是，LED 的顏色會隨著 LED 的溫度而變，而溫度可能會因裝在熱源附近的環境條件或因通過 LED 電流的內部發熱而改變。控制環境溫度的唯一方法是加入散熱風扇，或把 LED 安裝在離開熱源的地方，而把 LED 裝設在良好的散熱器上則可控制內部發熱。

早期 LED 的額定電流皆為 20mA，而順向壓降對紅色 LED 而言約為 2V，對其他顏色而言則較高；接著製造出可在 2mA 下操作的低電流 LED。隨著時間的過去，LED 的額定電流越來越大，30mA、50mA 甚至 100mA 都變得很常見。惠普 HP 公司及菲利浦 Philips 公司所生產的 Lumileds 是第一個超過 350mA 的 LED。現在則有很多的功率 LED 製造商，額定電流為 350mA、700mA、1A 甚至更高。功率 LED 的用途逐漸增加，包括燈管式照明（招牌）、交通號誌、路燈、車燈、情境照明（可變色的洗牆燈）以及戲院內的臺階和緊急出口照明。

燈管式照明的名稱是因為 LED 裝在燈管內，參考圖 2.2。這種燈管通常作成字母狀，以照亮公司名稱或商標。在過去，燈管式照明使用冷陰極管或螢光燈，均有可靠性不佳的問題。例如 RoHs Directive 等健康及安全的法律，禁止冷陰極管構造中所用到的水銀等某些材料的使用。因此，為因應形狀設計及環保要求，最可能存活的技術為 LED 照明。

過去幾年交通號誌用的是低功率 LED，但現在已有廠商利用數顆高功率 LED 取代之。交通號誌的一項問題是需要控制黃色光或琥珀色光的波長，黃光 LED 的波長偏移較其他種顏色嚴重，實際運作時會超出法規允許的頻譜範圍。另一項問題是防故障裝置－原則上可容許某種程度的故障，但當超過 20% 的 LED 故障時，需關閉整個號誌燈，並回報維修單位故障發生。

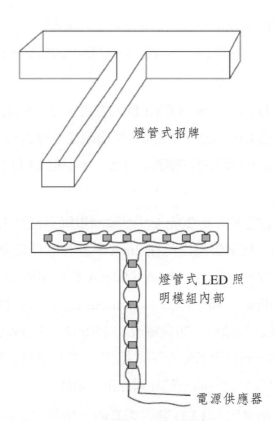

燈管式招牌

燈管式 LED 照
明模組內部

電源供應器

圖 2.2　燈管式照明示意圖

　　燈箱內的高溫環境會使 LED 驅動電路故障，特別是在 LED 驅動電路用到電解電容時。高溫會使電解液漏出，並逐漸失去電容性。目前已發展出某些不需要使用電解電容器的新型 LED 驅動電路，可在高溫下操作好幾年。LED 驅動電路的故障會讓LED 燈光背上壞名聲－如果 LED 驅動電路在操作一萬小時之後就會故障，為何要用可工作超過十萬小時的 LED。

　　以中功率或高功率 LED 製造的路燈已被實際使用，雖然這看來像是簡單的應用，但高環境溫度和相當高功率的 LED 會引起驅動的問題。在某些應用中，用白光和黃光 LED 產生暖白色光，但若用藍光 LED 和黃色磷光粉製成之白光 LED 則會有藍光成份過高形成冷白色光的問題。

　　汽車照明的應用很多：例如內部照明、前燈、煞車燈、日間行車燈 DRL、霧燈以及倒退燈等等。汽車應用的最大問題是電磁輻射干擾 EMI 規範要求的輻射程度非

常低，若用切換式電路很難達到。所以當效率要求不高時，有時會使用線性驅動電路，並將線性驅動電路接到金屬車體上幫助散熱。

LED 汽車煞車燈與其他種燈泡相比較，在安全性方面明顯的勝出。LED 從電流通過至發出光線的反應時間是以奈秒 ns 為單位的，而燈泡的響應時間則約 300 毫秒（ms）。在時速 100 公里時，汽車每分鐘前進 1.66，或每秒約 28 公尺；300ms 的時間差可讓汽車行進約 8 公尺。提早 300ms 看到前車的煞車燈亮，可立即停車以避免傷亡。此外，LED 煞車燈故障的機率較傳統燈泡為低。

情境照明是藉由色彩變化所引起的效果，並使用心理學控制人們的情緒。可用在醫療機構穩定病人的情緒，或在飛機上讓乘客放鬆或喚醒乘客。情境照明系統通常使用紅光 R、綠光 G 及藍光 B 的三色 LED 投射以產生頻譜上的任何色彩。這種 RGB 系統的其他應用還包括舞會的燈光。

例如平面電視的背光顯示器也用到 RGB LED 陣列產生白色光，在這種應用中，色彩的變化量應該要很少，最好是完全不要，但需要額外的控制系統正確地控制紅光、綠光及藍光的亮度才能產生正確的混合光以重現正確的電視影像。相對的，電腦的背光螢幕有時會用冷陰極管，因為電腦的色彩正確性較不重要。

2.2 照度量測

光通量的量測單位為流明，流明屬視光學系統的物理量，與人類眼睛的響應有關；瓦則屬於輻射學系統的物理量，為標準的功率單位。在光波長等於 555nm 時（頻譜上的黃綠光部分，也是眼睛響應度最佳處），1 瓦等於 683 流明。

另一常用的單位是燭光，光強度 1 燭光（cd）的燈泡向各方均勻輻射時，每 1 度立體角（sr）上可產生 1 流明（lm）的光通量，以方程式表示為 1cd = 1lm/sr。由立體角得知，離燈源 1 公尺處的地方，1 度立體角可投射 1 平方公尺的面積。離 1 燭光燈源 1 公尺處的照度為 1 勒克斯 lux，或 $1lm/m^2$（流明／平方公尺），如圖 2.3 所示。

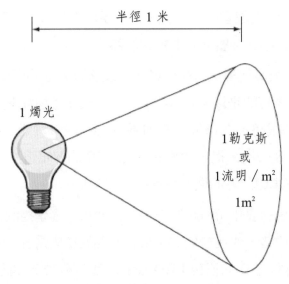

圖 2.3　照度量測示意圖

LED 的發光效率用每瓦流明表示之。LED 製造商之間會互爭發光效率最高者，但看比較結果時，要注意所使用的電功率階度。20mA LED 的發光效率可輕易的高於700mA LED，但實際的亮度卻較低。

2.3　LED 等效電路

LED 可用定電壓負載模型表示之，如前所述，其電壓降依照發射光子所需的內部位能障而定，該位能障與顏色相關，所以電壓降也與顏色相關。那是否所有的紅光 LED 均有相同的電壓降？答案為否，因為製程差異會使光波長或光的顏色不盡相同，因此電壓降會有所不同。一般而言，峰值波長會有 ±10% 的變化。

當兩個 LED 間有溫度差時，發光顏色會變，電壓降亦有差異。當溫度增加時，電子較易跨過位能障，因此，溫度每提升一度，電壓降約減少 2mV。

因為半導體材料並非完美導體，故定電壓負載模型可串聯一電阻，如圖 2.4 所示，這表示電壓降會隨著電流增加。低功率 20mA LED 的等效串聯電阻 ESR 約為20 歐姆，但高功率 1 瓦 350mA LED 的等效串聯電阻則約為 1-2 歐姆（依所用的半導體材料而定）。等效串聯電阻大致上與 LED 的額定電流成反比，也會有製程上的

變異。

等效串聯電阻的計算可藉由測量順向電壓降增加量除以電流增加量而求得。舉例來說，當順向電流從 10mA 增為 20mA 時（增加 10mA），若順向電壓降從 3.5V 增為 3.55V（增加 50mV），等效串聯電阻為 50mV/10mA＝5Ω。

在圖 2.4 中，假設稽納二極體為理想元件，但實際的稽納二極體也有等效串聯電阻，甚至比 LED 的等效串聯電阻還高。對於 LED 驅動電路的初步測試而言，可用功率 5W、壓降 3.9V 的稽納二極體代替白光 LED。當驅動電路未如預期般工作時，稽納二極體可能會燒毀，但比起燒毀功率 LED 便宜許多。而且因為稽納二極體不會發光，所以測試工程師也不會被照得目眩眼花。

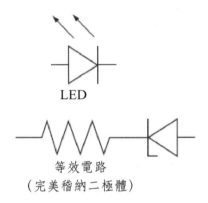

圖 2.4　LED 的等效電路圖

2.4　電壓降與顏色及電流之關係

圖 2.5 顯示順向電壓降與發光顏色及 LED 電流的關係。在開始導通點，紅光 LED 的順向電壓降 V_f 約為 2V，藍光則約為 3V。正確的電壓降依製造商而定，因為摻雜材料和發光波長都會有所不同。而在特定電流的電壓降，尚與導通壓降 V_f 以及等效串聯電阻相關。

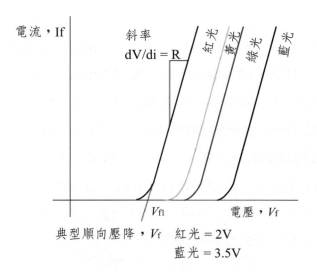

圖 2.5 順向電壓降對色彩及電流關係圖

2.5 常見錯誤

最常見的錯誤是以 LED 的標準順向電壓降 $V_{\text{f, typ}}$ 為基礎進行設計。例如，在以多個串聯之 LED 串路並聯時，會假設兩串或更多串的串路順向電壓降相同，且電流會均分。事實上，順向電壓降的容許度差異非常高。舉例來說，Luxeon Star 的 1W 白光 LED 的標準 V_{f} 為 3.42V，但最小電壓 2.79V 最大電壓 3.99V 皆屬合乎標準，這表示順向電壓降的容許度超過 ±15%。

第三章
驅動發光二極體
Driving LEDs

3.1 　電壓源

我們在第 2 章中已看到，發光二極體的操作類似一個具有低等效串聯電阻的定電壓負載，而此操作模式非常類似稽納二極體。事實上，稽納二極體可做為非常良好的測試負載，而非採用昂貴的高功率發光二極體。

利用定電壓電源供應器驅動定電壓負載相當地困難，因為電源供應器電壓和負載電壓的差值會跨在等效串聯電阻上。但因等效串聯電阻的值非常低，故電壓降亦很低。電源供應器或負載上的輕微電壓變動，將導致電流的巨大改變，如圖 3.1 的曲線 A 所示。

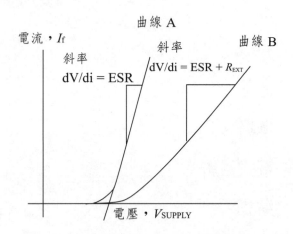

圖 3.1　發光二極體的電壓電流關係圖

當知道電源供應器和順向導通電壓 V_f 的電壓變化時，可計算出電流變動。記住，發光二極體的電壓降會因製程誤差和操作溫度而變化。而一般校正過的電源供應器所供應的電壓有 5% 的誤差，但例如汽車電源等未校正過的電源供應器，誤差則遠大於此。

$$I_{MIN} = \frac{V_{SOURCE\_MIN} - V_{F\_MAX}}{ESR}$$

$$I_{MAX} = \frac{V_{SOURCE\_MAX} - V_{F\_MIN}}{ESR}$$

上述的方程式假設等效串聯電阻 ESR 為定值。實際計算時，V_f 和等效串聯電阻上的壓降會合併計算，因廠商會給在特定順向電流下的電壓降。實際的 V_f 可由圖形或實驗測量決定。

對小於 50mA 的低電流發光二極體來說，當電源和負載之間的電壓差值很大且等效串聯電阻很大時，發光二極體電流的最大和最小值之間的差異很小。然而，在高功率發光二極體電路中，若在串聯電阻上跨過大電壓降將會很無效率並引起熱散逸問題。此外，當發光二極體功率增加時，發光二極體的等效串聯電阻會下降。標準 20mA 發光二極體的等效串聯電阻約為 20 歐姆，但 350mA 發光二極體通常僅具有 1-2 歐姆的等效串聯電阻。因此，電源供應器若有 1V 的電壓差，功率發光二極體的發光二極體電流將增加 1A。即使在低電流發光二極體中，電流的變化比例仍相當高。

3.1.1 被動電流控制

雖然發光二極體的電壓降會增加，當低電流負載加上一個阻值相當大的串聯電阻時，可以減少電流對電壓關係圖的斜率，如圖 3.1 的曲線 B 所示。

假設已知電源供應器電壓和負載電壓的變動，可計算出加入串聯電阻時的電流變化。在下面的公式中，負載電壓包括以額定電流跨在等效串聯電阻上的電壓降，故僅需用到外加的電阻值。

$$I_{\text{MIN}} = \frac{V_{\text{SOURCE\_MIN}} - V_{\text{LOAD\_MAX}}}{R_{\text{EXT}}}$$

$$I_{\text{MAX}} = \frac{V_{\text{SOURCE\_MAX}} - V_{\text{LOAD\_MIN}}}{R_{\text{EXT}}}$$

假設以汽車電源供應器作為驅動來舉例說明，其標準電壓值為 13.5V，但在此練習中，設定其上下限為 16V 至 12V。假設選用紅色發光二極體（Lumileds Superflux HPWA-DDOO）作為尾燈，其在順向電流 70mA 時的順向電壓降為 2.19V 至 3.03V。假設電路係以兩個發光二極體串聯並加上一串聯電阻，而該發光二極體串路的標準電

壓降為 5V，故串聯電阻在 70mA 電流時需有 8.5V 的標準電壓降；這表示該串聯電阻為 121.43 歐姆。最接近的標準電阻值為 120 歐姆，並應選擇額定功率 1W 的電阻，因其標準功率消耗為 588mW（0.558W）。

$$I_{\text{MIN}} = \frac{V_{\text{SOURCE\_MIN}} - V_{\text{LOAD\_MAX}}}{R_{\text{EXT}}} = \frac{12 - 6.06}{120} = 49.5\text{mA}$$

$$I_{\text{MAX}} = \frac{V_{\text{SOURCE\_MAX}} - V_{\text{LOAD\_MIN}}}{R_{\text{EXT}}} = \frac{16 - 4.38}{120} = 96.83\text{mA}$$

在電源的電壓上限時，發光二極體被超額 38% 的電流所驅動。故若把電阻 R 增加 38%，最壞情況下的最大電流為 70mA，但因最大電流 I_{MAX} 與最小電流 I_{MIN} 之間的比幾乎為 2：1，此時最小電流僅為 35.78mA。

在上述的計算中，等效串聯電阻上的電壓降 0.672V 已含在最低和最高負載電壓值內，故可忽略掉等效串聯電阻。從 Lumileds Superflux HPWA-DDOO 發光二極體的規格書可得到等效串聯電阻為 9.6 歐姆。

若希望操作在較低的電流時，假設用上述同一範例但發光二極體的標準操作電流改為 50mA，則所有的結果都需修改。順向導通電壓 V_{f} 為 1.518V 至 2.358V，但在 50mA 時，V_{f} 的值為 1.828V。可計算出所需要的總電阻值為 196.88 歐姆，但必需扣掉 9.6 歐姆的等效串聯電阻。故在 50mA 電流時，最接近的較佳外部電阻值可選用 180 歐姆。

$$I_{\text{MIN}} = \frac{V_{\text{SOURCE\_MIN}} - V_{\text{LOAD\_MAX}}}{\text{ESR} + R_{\text{EXT}}} = \frac{12 - 4.716}{189.6} = 38.42\text{mA}$$

$$I_{\text{MAX}} = \frac{V_{\text{SOURCE\_MAX}} - V_{\text{LOAD\_MIN}}}{\text{ESR} + R_{\text{EXT}}} = \frac{16 - 3.036}{29.6} = 61.85\text{mA}$$

因串聯電阻值較高，故電流變化比降至 1.6：1。而最大電流則低於發光二極體的電流規格 70mA。

除非發光二極體都是匹配的以確保具有相同的順向電壓降，則通過每一路的電流與其他路電流間的差異性會相當地大。

當以多個發光二極體用在照明的應用中時，通常會以陣列式連接發光二極體，也就是把串聯的發光二極體串路再並聯之。因發光二極體串路為並聯的，故每串的電壓源為同一個。但因每個發光二極體的順向電壓會有變異（順向電壓降也會受環境溫度影響），故陣列中每串的總電壓降會有不同。為確保所有的發光二極體有均勻的光輸出，每串的發光二極體應流過相同的電流。

傳統的方法是把發光二極體串路與限流電阻串聯，並以單一電壓源驅動所有發光二極體串路。在電阻上需跨過大量的電壓降，以確保在溫度變化和元件電壓降變化時，電流仍可維持在預定範圍內。使用此方法很便宜，但有效率不佳及熱散逸的問題，並且需要很穩定的電壓源。

驅動發光二極體陣列的較佳方式是調整通過所有發光二極體串路的總電流，並設法將總電流均分至發光二極體串路。此即為下一個要談的主題，主動電流控制。

3.1.2 主動電流控制

因為串聯電阻並非控制電流的好方法，尤其在電源供應器電壓誤差很大時，因此現在要研究主動電流控制。主動電流控制使用電晶體及回授以調節電流。現在，將僅先討論如何限制由電壓源而來之發光二極體電流的方法；利用電流源驅動發光二極體的方法將在 3.2 節討論。

限流器具有特定的功能性組件：調節裝置，例如，金氧半場效電晶體 MOSFET 或雙極性電晶體 BJT；電流感測器，例如，低阻值電阻；以及從電流感測器至調節裝置的回授電路（此回授電路可能有或無增益）。在圖 3.2 中顯示出這些功能的方塊圖。

最簡單的限流器是空乏型 MOS 電晶體；其具有稱之為閘極、汲極和源極的三端。與其他 MOS 電晶體相同的是，汲極－源極通道的導通與否是由閘極－源極電壓所控制。然而，與增強型 MOS 電晶體不同的是，空乏型 MOS 電晶體為常開的，因此閘極－源極電壓為零時，電流仍可流通。當閘極對源極電壓為負時，此元件關閉，如圖 3.3 所示。典型的夾止電壓為 −2.5V。

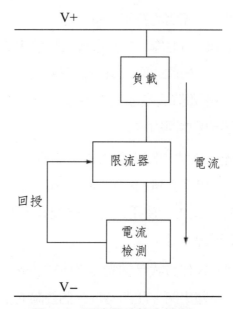

圖 3.2　限流器功能方塊圖

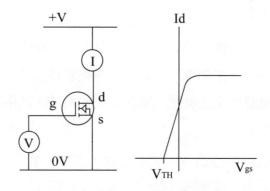

圖 3.3　空乏型 MOS 電晶體特性

　　具有空乏型 MOS 電晶體的限流器電路係使用一個與源極串聯的電阻器感測電流（圖 3.4），而閘極則連至負電壓（0V）。當電流通過電阻時，電阻的電壓降會增加，故 MOS 電晶體源極的電壓會比 0V 端和 MOS 電晶體閘極來得高。換言之，與 MOS 電晶體源極相較，閘極電壓變得更為負值。當電壓降到接近 MOS 電晶體夾止電壓時，MOS 電晶體趨近關閉，故可調節電流。

　　使用空乏型 MOS 電晶體的主要缺點是閘極臨界電壓 V_{th} 的誤差很大，V_{th} 標準值為 $-2.5V$ 之元件的臨界電壓範圍可能從 $-1.5V$ 至 $-3.5V$。但是，其優點則是汲極一

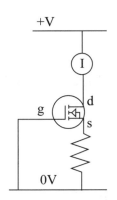

圖 3.4　空乏型 MOS 電晶體限流器

源極崩潰電壓可能會非常高，因此使用空乏型 MOS 電晶體設計的限流器在短路瞬間不會受損，但長期的高壓則會使 MOS 電晶體過熱。

　　一種簡單的積體式限流器是以電壓調節器取代空乏型 MOS 電晶體，如圖 3.5 所示，此電路會用到內部參考電壓，因此相當地準確，其缺點則是有最少約 3V 的掉落電壓。依照負載連在電源供應器的正端或負端，此電路可用在調節電流的供應或吸取。

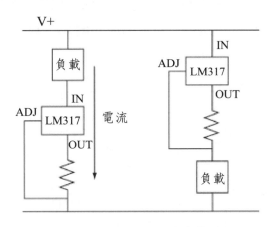

圖 3.5　線性調節器作為限流器

　　LM317 有一稱作參考 REF（在圖 3.5 中用 ADJ 表示）的回授腳位，可用以控制電流的調整。當電阻上的電壓降超過 1.25V 時，流過 LM317 的電流會減少，直到輸出端 OUT 電壓低於 1.25V 為止。

　　當用了準確的限流器之後，可將並聯的發光二極體串路連接至同一個電壓源，而

每串發光二極體將會有約略相同的電流。當每個發光二極體流過相同的電流時,每個發光二極體產生的光亮度會幾乎一樣,因此,不會在發光二極體陣列中看到「亮點」。

此處所述的限流器僅用在說明如何從定電壓電源供應器驅動發光二極體。在第 4 章將會說明其他的調節器,而在第 5 章至第 10 章則會說明切換式調節器。

3.1.3　短路保護

上述的限流器電路可提供自動短路保護的功能。當發光二極體短路時,限流器上會跨過較高的電壓。此時要注意的是熱消散的問題。

假設無法忍受負載短路時的熱消散問題,將會需要用到電壓監測電路。當限流器上跨過超過預期的電壓時,需減少電流以保護電路。上述的 LM317 電路調節器本身即具有過熱關閉的功能

3.1.4　故障偵測

假設在發光二極體中發生短路的情況,限流器上的壓降將會提高,而此變化可用來偵測故障。在圖 3.6 所示的電路中,使用 10V 的稽納二極體與 NPN 電晶體的基極

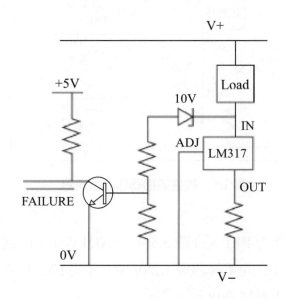

圖 3.6　短路負載指示電路

串聯。當 LM317 的輸入 IN 端電壓約達 11V 時，稽納二極體導通並開啟電晶體，因此故障 FAILURE 線電壓會被拉低至約 0V 並指示出發光二極體短路。

3.2 電流源

因發光二極體類似一個定電壓負載，故可直接連接至電流源，而單一個發光二極體或發光二極體串路上面所跨過的電壓係由所使用的發光二極體所決定。當電阻增大時，理想電流源的輸出電壓可到無窮大，需加以限制，後文將會詳細說明。

若是電流源產生的電流大於發光二極體所需，則需要電流分配電路。最簡單的電流分配電路是電流鏡，依照主要串路流過的電流將電流在各串路之間平均分配。

圖 3.7 提出一種簡單的電流鏡，此電路的基本原理是在匹配電晶體的基極－射極接面具有相同的電壓降時，則會有相同的集極電流。若把所有的基極和所有的射極連結在一起，則所有的基極－射極接面電壓一定會相等，因此所有的集極電流就會相等。

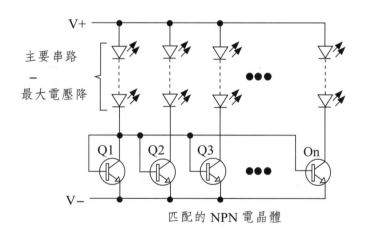

圖 3.7　電流鏡

控制流過其他串路電流的串路稱之為主要發光二極體串路。因為電晶體 Q_1 的集極和基極連接在一起，故電晶體會完全導通，除非集極電壓低到使基極－射極接面無法導通。當所有的電晶體均相同時，因其他電晶體 Q_2 至 Q_n 的基極連接至 Q_1 的基極，

故會導通與 Q_1 相同的集極電流。而 Q_1 至 Q_n 流通的總電流會與電流源的輸出相等。

主要發光二極體串路上的電壓降必需高於其他串路，以使電流鏡能正確的工作。在受控電路中，部分的電壓會落在電晶體 Q_2 至 Q_n 的集極－射極接面間，而受控電路即透過提升或降低跨在電晶體上的多餘電壓調整電流。

3.2.1 自調整電流分配電路

圖 3.8 所示的是另一種電流分配電路，可自動地調整串路電壓。

假設利用電流鏡驅動發光二極體陣列，則所有連在一起的電路分支會分配到相同的電流。若有分支因故障或設計錯誤未連接到而開路，則總電流會平均分配給有連到的分支。與簡單電流鏡不同的是，此電路會對發光二極體串路之間的最大預期電壓差自動調整，而該最大預期電壓差係由所使用的發光二極體種類以及串路上的發光二極體個數所決定。電路中的元件需能消散掉由每一串路電流以及串路上調節器電壓降所產生的熱量。

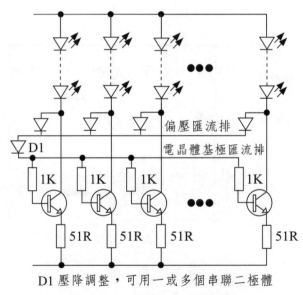

D1 壓降調整，可用一或多個串聯二極體

圖 3.8　自調整電流分配電路

在需要高可靠性的應用中，單一個發光二極體的故障不會對光亮度的總輸出有實質性的影響，而當使用電流分配器時則會更佳。當一個發光二極體短路故障時，該短

路發光二極體串路的電壓會較低。電流分配器會配合電壓的改變，並維持電流相等的分配。當故障的發光二極體串路開路時，電流分配器會自動地在剩餘串路重新分配總電流，藉此維持輸出的光功率不變。在此類的應用中，可加入額外的發光二極體串路作為備份，因此，任何單一的故障不會讓其餘的發光二極體在過電流的條件下操作。

各分支之間電流分配的均等性與相接近電晶體（最好是在同一個封裝內的匹配電晶體）的匹配度是否良好相關。當有任何一個電晶體因串路電壓大幅變化而飽和時，即不存在電流的平均分配。

連接至每個集極的二極體可偵測每路分支的電壓。最高的分支電壓（相當於具有最低順向電壓的發光二極體串路）可用以將電晶體偏壓在線性操作區。每個二級體的陰極係連接至共通的偏壓匯流排。

在偏壓匯流排和電晶體基極匯流排之間連接有二級體，以配合串路電壓的變化並讓電流分配器的電晶體不會進入飽和區，並可使用超過一個的外部二極體，以適應較大的電壓變化。若串路電壓的變化小於一個二極體的電壓降，則可將兩條匯流排連接在一起。

當分支未連接時，在相對應的調節電晶體會流過較高的基極電流，此現象與相連分支的電流分配相衝突，故在電晶體基極匯流排與每個電晶體基極之間可連接電阻（約 1 千歐姆）以確保整個電路能正確地操作。

3.2.2　電壓限制

理論上，定電流驅動器的輸出電壓不受限制。在接到線性負載的情況中，該輸出電壓為電流和輸出阻抗的乘積。而在發光二極體負載的情況中，輸出電壓上限依照串路中發光二極體的個數而定。

但實際上，電流源還是會有最大的輸出電壓，因為零組件終會故障。故需限制發光二極體的串路電壓以免電路受損，而該限制的電壓大小則依電路而定。

在第 10 章中還會詳細討論到安全規定，此處僅簡單討論。Underwriters 實驗室第 2 級（Class 2）規範和低電壓電子安規 SELV 等規定將電壓限制在直流 60V 或交流 42.4V，而符合這些規定的設備應考慮到主電源隔離以及輸出電壓限制。串路中的發光二極體個數亦受到上述規定的限制，所以總串路電壓仍應低於 60V。

3.2.3　開路保護

　　某些定電流驅動電路，特別是切換式升壓轉換電路，會產生非常高的電壓而讓驅動電路損壞，對這類的驅動器來說，需要有關閉機制，標準的方式是在輸出電壓超過設定限制後以稽納二極體提供回授。有些積體電路 IC 中的過電壓偵測器會把輸出鎖住，需先把電源供應器關閉，接著再次啟動之後，發光二極體驅動器才能有作用；而有的電路則可在開路情況移除後（亦即，在發光二極體重新連接後），自動地重新啟動。

　　有些的 IC 具有過電壓偵測器（內部比較器），當輸入電壓超過參考電壓時，會將發光二極體驅動器電路關閉。通常可使用由兩個電阻組成的分壓器把輸出電壓降低到與參考電壓相同的大小。

3.2.4　發光二極體故障偵測

　　在定電流電路中，發光二極體的故障可能有整串熄滅（發光二極體開路）或單一個發光二極體熄滅（發光二極體短路）。

　　在發光二極體開路的情況中，相當於負載被移除，故電流源的輸出電壓會提高，而此電壓的提升可被偵測並用以指示故障。在裝有過電壓保護的電路中，亦可用此特性表示出電路故障。

　　假設使用電流鏡驅動具有數個串路的發光二極體陣列時，發光二極體開路所造成的結果將依該發光二極體所在的串路而定。在圖 3.7 所示的基本電流鏡中，主要串路的故障會讓所有的發光二極體均無電流通過而不會被點亮。此時，偵測輸出電壓的提升是一種可能的解決方案。但若是次要串路（受控串路）故障，其餘的串路會流過較高的電流，而輸出電壓不會提升太多（僅有因額外電流通過等效串聯電阻所增加的電壓）。故障串路的電晶體集極因為不會連接到電源供應器的正端，故其電壓將降成零伏，而此現象亦可被偵測到。

　　另一種用於低電流發光二極體的故障偵測技術係將光耦合器的發光二極體與發光二極體串路串聯在一起。基本的光耦合器是把發光二極體與光電晶體封裝在一起，而通過光耦合器之發光二極體的電流會讓光電晶體導通。因此，當電流通過發光二極體串路以及光耦合器的內部發光二極體時，該光電晶體會導通。若該串路開路，則不會

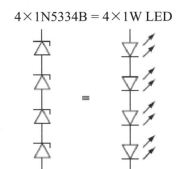

圖 3.9　稽納二極體假負載

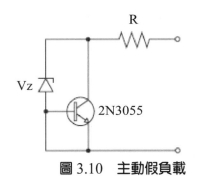

圖 3.10　主動假負載

有電流通過該光耦合器的發光二極體，而光電晶體亦不會導通。

3.3　發光二極體驅動器測試

　　雖然利用實際的發光二極體負載測試發光二極體驅動器是必要的，但先用假負載測試也是種明智的選擇，有兩個重要的理由支持此測試：(1) 發光二極體的成本，特別是高功率的發光二極體可能比驅動電路貴得多；(2) 在測試條件下長時間操作高亮度發光二極體可能會讓眼睛受傷並引起暫時性失明（近距離觀看發光二極體時）。另一個理由是，某些假負載可用來限制電流，可更容易的發現錯誤。

3.3.1　稽納二極體作為假負載

　　圖 3.9 顯示如何以稽納二極體作為假負載，此為最簡單且最便宜的負載。1N5334B 是一種 3.6V、5W 的稽納二極體（3.6V 的標準壓降係在電流 350mA 時），並不算一種完美的假負載，其逆向電壓稍高於 Lumileds Luxeon Star 的 1W 發光二極體的典型順向電壓 3.42V。二極體 1N5334B 的動態阻抗為 2.5 歐姆，亦高於 Luxeon Star 的 1 歐姆阻抗。在某些具有回授迴路的切換式發光二極體驅動器中，該阻抗會造成影響，但對簡單的降壓電路而言，此電阻的影響很小。

　　比較準確的假負載是用主動式負載。理論上，定電壓負載的阻抗為零，故僅需加入一微小阻值的串聯電阻即會得到正確的阻抗。商用的主動負載可設為具有定電流或定電壓－而在模擬發光二極體負載時需設定為定電壓。

　　圖 3.10 顯示一種低成本的定電壓負載，這是一種自供能式的負載，因此不用接地。電路中的稽納二極體可依照所希望的壓降（還要加上電晶體基極－射極接面的

0.7V）自行選擇，而該電晶體應為裝在散熱器上的功率電晶體。

圖 3.10 中的電路阻抗非常低。雖然稽納二極體有數歐姆的阻抗，但通過的電流非常小，而電晶體把該阻抗降低的倍率相當於順向電流增益 HFE。假設在 1A 時電晶體的 HFE = 50，且稽納二極體阻抗 Z_d = 3 歐姆。當集極電流從 500mA 改變至 1A 時，會使基極電流從 10mA 增加至 20mA，而稽納二極體導通電流 10mA 改變量會使電壓增加 30mV。這樣的改變在電晶體集極相當於 30mV/0.5A = 0.06 歐姆的阻抗。即電路阻抗相當於稽納二極體的阻抗除以電晶體增益。

與實際的二極體阻抗相比，0.06 歐姆的阻抗低到不太合理，但可串聯加入電源電阻以得到所希望的負載阻抗。因為負載電流可能會非常高，故應採用高功率型的電晶體和串聯電阻，而該電晶體應架設在大型的散熱器上。

3.4 常見錯誤

在測試原型電路時的最常見錯誤是使用昂貴的高功率發光二極體，應當用 3.6 伏、5 瓦的稽納二極體替代每一個發光二極體，並在測試過所有電路條件後才使用發光二極體。

3.5 結論

當數個發光二極體模組並聯時，最好採用電壓調節式發光二極體驅動器，而每個模組有各自的線性電流調節器。例如可各自點亮的廣告看板所使用的電路。

當希望把數個發光二極體串聯時，最好採用電流調節式發光二極體驅動器。串聯可確保所有的發光二極體流過相同的電流，並有約略一致的輸出光功率。

當驅動高功率發光二極體時，考慮到效率的問題，定電流輸出的切換式電源供應器是較佳的選擇，效率可達到 75% 至 90%。若使用定電壓源，則發光二極體仍需串聯大電流的線性調節器，這將會非常的沒有效率，並且增加熱散逸的問題。

第四章
線性電源供應器
Linear Power Supplies

4.1 導論

當在驅動發光二極體時，線性電源供應器受到歡迎的理由很多。完全沒有電磁輻射干擾 EMI 是重要的技術上理由，成本低則是重要的商業上理由。但在有些應用會有效率過低的缺點，且因此有散熱上的問題；而在例如接到交流電源供應器的其他應用中，則有尺寸過大的缺點。

4.1.1 穩壓器

有很多的穩壓器（電壓調節器）都是以 LM317 為基礎設計的，LM317 最早由美商國家半導體 National Semiconductor 所發表，但現在則有多家的製造商。LM317 的內部有：(1) 由 NPN 電晶體構成的電源開關；(2) 產生 1.25V 的電壓參考組件以及 (3) 控制電源開關的運算放大器，如圖 4.1 所示。運算放大器會試著把輸出端 OUT 的電壓維持在調整腳 ADJ 的電壓再加上一參考電壓值 1.25V。

為產生特定的輸出電壓，需使用回授電阻與吸取電阻產生分壓器，回授電阻 $R1$ 係從輸出腳接到調整腳，而吸取電阻 $R2$ 則在調整腳與地之間。回授電阻通常採用 240 歐姆，以從調節器吸取最小為 5mA 的電流，並維持輸出穩定。在輸出端的電容亦有助於維持穩定度。輸出電壓則由下式所決定：

$$V_{\text{OUT}} = 1.25 * \frac{1+R2}{R1} + I_{\text{ADJ}} * R2$$

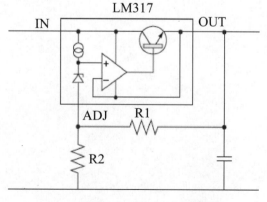

圖 4.1　LM317 穩壓器

注意，在最壞的情況下，$I_{ADJ} = 100\mu A$，此最壞電流值通常可忽略之。

LM371 穩壓器的變型包括固定為正電壓類型的 LM78xx 以及固定為負電壓類型的 LM79xx，其中的「xx」表示電壓；也就是說，7805 為 +5V、1A 的穩壓器。

　　LM371 及其變型需要最低的輸入對輸出電壓差（落差電壓）以正確地操作。依照通過調節器電流的不同（電流較高者需較大的電壓差），該電壓差通常需要 1V 至 3V。輸入對輸出電壓差相當於內部定電流產生器上的壓降，因為輸出腳的準位與參考電壓相等。

　　低落差穩壓器係使用 PNP 電晶體作為電源開關，其射級接至輸入端（IN）而集極接至輸出端，如圖 4.2 所示。此電路有一接地腳，以產生與輸入對輸出電壓差無關的內部參考電壓，故可得到小於 1V 的落差電壓。

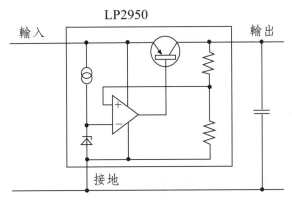

圖 4.2　低落差穩壓器

4.1.2　穩壓器作為電流源

　　圖 4.3 顯示兩種以穩壓器作為限流器的電路，一種架構是吸取式電流源而另一種架構則是流出式電流源。

　　如前所述，LM317 在輸出腳與調整腳之間有 +1.25V 壓降時會進行調節。在圖 4.3 中，電流檢測電阻 $R1$ 連接在輸出腳與調整腳之間，通過 $R1$ 的電流會產生壓降，使輸出腳的電壓高於調整腳。當 $R1$ 上面的電壓降達 1.25V 時，LM317 將會調節電流。因此，電流限制在

$$I = \frac{1.25}{R1}$$

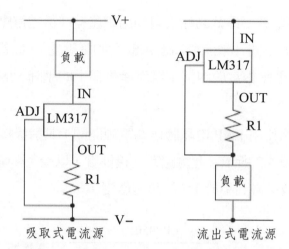

圖 4.3　使用 LM317 之定電流電路

4.1.3　定電流電路

定電流電路的種類很多，有的用積體電路，有的用零組件，而有的則用積體電路和零件的組合。在此小節中，簡單地介紹一個範例。

圖 4.4 顯示一種使用運算放大器的定電流吸取電路。為設定電流大小，需要電壓參考組件。電流檢測電阻上的電壓降會與參考電壓相比較，而運算放大器的輸出電

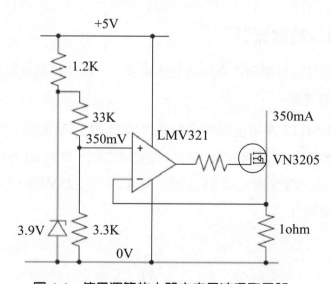

圖 4.4　使用運算放大器之定電流吸取電路

壓可升降以控制電流。電壓參考組件可使用溫度補償精確的零組件或稽納二極體。一般的稽納二極體在崩潰電壓 6.2V 時具有最小的溫度係數和最低的動態阻抗。

4.2　線性電源供應器的優點及缺點

線性電源供應器的優點是不會產生電磁干擾輻射，而且此優點非常的重要。

在不考慮電磁干擾的濾除和屏蔽時，切換式電源供應器的零組件可能較少，但電磁干擾所需的額外電路會讓發光二極體驅動器的整體成本倍增。當發光二極體為分散佈置時，例如用在通道照明中，不可能作電磁干擾屏蔽，因此會需要共模和差模濾波器，而共模抑制器的價格很昂貴。

線性發光二極體驅動器的一項缺點可能是效率過低，此處的效率定義為發光二極體電壓對電源供應器電壓的比值。當電源供應器的電壓明顯高於發光二極體的電壓時，效率就會降低。在這些情況中，效率不佳會引起散熱的問題，還可能需要用到笨重且有點貴的散熱器。值得一提的是，當電源供應器的電壓僅稍高於發光二極體的電壓時，線性調節器的電路效率可能會高於切換式調節器。

以線性電源為主之發光二極體驅動器的另一缺點是體積過大，因為幾乎會要用到降壓變壓器（除非發光二極體串路電壓非常接近交流電源的峰值電壓）。交換頻率為 50Hz 或 60Hz 的交流市電所用的主變壓器龐大且笨重，而且在橋式整流器後端的平滑電容也相當大。此外，此電路的效率會隨著交流電源的長期電壓升降變化而改變，因為整流過的電壓和發光二極體串路電壓之間的差值會改變。

4.3　線性電源供應器的限制

線性電源供應器的主要限制是發光二極體的電壓一定低於電源供應器的電壓。線性電壓源和電流源無法把輸出電壓升壓成高於輸入電壓。當輸出電壓可能會高於輸入電壓時，需使用切換式穩壓器，這將在後續的章節討論。

4.4 線性發光二極體驅動電路設計的常見錯誤

最常見的錯誤是忽略功率消耗，簡單的功率消耗算法是把調節器的電壓降乘上通過的電流。當電壓降很大時，需要限制通過的電流以將功率消耗維持在封裝元件的功率消耗限制內。即便是在 D-PAK 表面封裝的接合端焊上銅片，其功率消耗限制至多為 1W，若在表面封裝上再加上散熱器則有助於解決問題。

另一種錯誤是忽略啟動條件。調節器的額定電壓需要夠高，在輸出接至 0V（地電位）時仍可正常動作。因為在啟動時，輸出電容尚未充電，故電位為 0V。要操作一小段時間後，輸出電容才會充電而減少調節器上的電壓降，故調節器的額定電壓一定要大於所能預期到的最大輸入電壓。

第五章
降壓型發光二極體驅動電路
Buck-Based LED Drivers

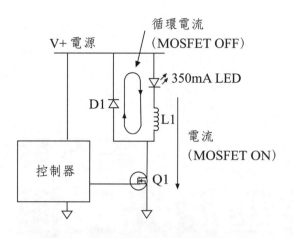

圖 5.1　降壓型發光二極體驅動電路

我們要學習的第一種切換式 LED 驅動電路是降壓型轉換電路。降壓型轉換電路是最簡單的切換式驅動電路，可把電壓逐步降低，並用在負載電壓低於電源電壓約 85% 以下的應用中，而會有大約 85% 的限制是因為控制系統的切換延遲。在降壓型轉換電路中，通常以功率型 MOS 電晶體作為開關，以切換跨在電感和串聯之 LED 負載上的供應電壓。電感在 MOS 電晶體導通時儲存能量；而當 MOS 電晶體關閉時，該能量可提供用於 LED 的電流。當 MOS 電晶體關閉時，跨過 LED 和電感電路的二極體提供電流的回路。簡單的電路如圖 5.1 所示。

在離線式和低電壓應用中，降壓型轉換電路是一種相當受歡迎的選擇，因為能以非常高的效率產生固定的 LED 電流。峰值電流控制降壓型轉換電路在輸入電壓以及 LED 導通電壓變化範圍很大時可給定適當的電流變化，而且不用費神考慮到回授控制電路的設計。因為以降壓型為基礎的驅動電路在驅動高亮度 LED 時的效率可超過 90%，故成為一種相當受歡迎的解決方案。

5.1　降壓型轉換電路控制 IC

Supertex HV9910B 積體電路是特別為驅動 LED 所設計的。對於實現連續式降壓型轉換電路而言，這個解決方案是一種成本低、零件數少（此 IC 僅需外加三個零件即可動作）的良好範例。使用此 IC 可輕易地實現線性或脈寬調變調光電路。圖 5.2 顯示 HV9910B 的方塊圖。

HV9910B 具有兩個電流檢測臨界電壓－內部設定的 250mV 以及在 LD 腳位輸入的外部電壓，在切換時實際上所使用的臨界電壓是上述兩者之中的較低者。檢測電壓值很低表示在電流檢測時可用低阻值的電阻，會有較高的效率。

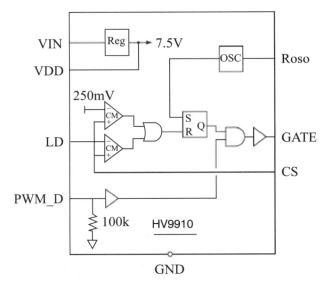

圖 5.2　Supertex HV9910B

HV9910B IC 的輸入電壓在低至 8V 時仍可動作，故可用在汽車電子的應用中；最高可接受 450V 的輸入，所以適用於離線的應用。此 IC 具有內部調節電路，可從輸入電壓驅動 IC 的內部電路，所以不用外部的低電壓電源供應器；此外，可直接驅動外部 MOS 電晶體，而不需要額外的驅動電路。

5.2　直流應用的降壓型電路

對於直流應用而言，可使用圖 5.3 的電路圖。

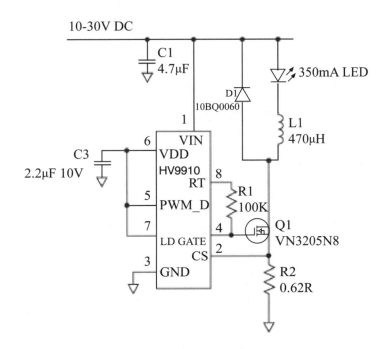

圖 5.3　用於直流應用的降壓型轉換器

5.2.1 預定規格

輸入電壓範圍 = 10-30V

LED 串路電壓範圍 = 4-8V

LED 電流 = 350mA

預期效率 = 90%

5.2.2 選擇切換頻率及電阻（$R1$）

切換頻率會影響電感 $L1$ 的尺寸，較高的切換頻率表示可用較小的電感，但會增加電路的切換損失。對低輸入電壓的應用而言，折衷後可得到良好結果的切換頻率通常為 f_s = 150kHz。由 HV9910B 的規格書可得知，為得到此頻率，在 RT 腳位與地之間需要 150kΩ 的計時電阻。

在此範例中，最高輸出電壓 8V 為最低輸入電壓 10V 的 80%。在降壓型轉換電路中，MOS 電晶體開關的工作週期（開關導通所佔的時間比例）表示為 $D = \dfrac{V_{OUT}}{V_{IN}}$，亦為 80%。但在連續導通模式中，當工作週期超過 50% 時將會導致不穩定。為避免不穩定，需以定關閉時間模式操作，把計時電阻連接在 RT 腳位以及 GATE 腳位之間即可用 HV9910B 電路獲得此模式。當 MOS 電晶體關閉時，閘極的電壓為 0V，而當計時電阻連至 0V 時，計時電路僅會對內部電容器充電，藉此得到固定的關閉時間，而切換頻率則會隨著電壓負載而改變。

假設計時電阻提供 5μs 的固定關閉時間，在工作週期為 80% 時表示導通時間為 20μs（$\dfrac{5\mu s}{1-0.8} \times 0.8 = 20\mu s$），其切換頻率為 40kHz（$\dfrac{1}{(5\mu s+20\mu s)} = \dfrac{1}{25 \times 10^{-6}}$ = 40kHz）。在假設輸入為 30V 而負載為 4V 的另一種極端的情況中，工作週期僅為 13.33%，導通時間會變成 767ns（$\dfrac{5\mu s}{1-0.133} \times 0.1333 = 0.767\mu s = 767ns$），而切換頻率則為 173.4kHz（$\dfrac{1}{(5\mu s+0.767\mu s)} = \dfrac{1}{5.767 \times 10^{-6}}$ = 173.4kHz）。在選擇其他零件時可用平均切換頻率為基礎，約為 100kHz。至於關閉時間 5μs 的計時電阻為

100kΩ。

5.2.3 選擇輸入電容（$C1$）

電解電容維持電壓的特性良好，但因等效串聯電阻太大故不適合用於吸收降壓型轉換電路產生的高頻漣波電流，因此需另外並聯金屬化聚丙烯電容或陶瓷電容以吸收高頻漣波電流。所需的高頻電容值可由下式計算：

$$C1 = \frac{I_O \times T_{OFF}}{(0.05 \times V_{min})}$$

在此設計範例中，高頻電容的要求約為電容值 4.7μF、耐壓 50V。此電容應放在電感 $L1$ 和 MOS 電晶體開關 $Q1$ 附近，以把高頻迴路電流限制在印刷電路板 PCB 上的微小區域內。在實際電路中，需使用兩個電容並在兩電容之間連接一個小電感（形成 π 型濾波器），以限制電磁輻射干擾。

5.2.4 選擇電感（$L1$）

電感值會依照 LED 漣波電流的容許程度而定，在此假設 LED 電流中可容許 ±15% 的漣波電流（共 30%）。

電感最常見的公式為 $E = L \times \dfrac{di}{dt}$，當 MOS 電晶體開關處在關閉時間內，電感會對 LED 供應能量，電壓為 $E = V_{LED} = V_{o,max} = L \times \dfrac{di}{dt}$，把上式重新整理可得電感 $L = V_{o,max} \times \dfrac{dt}{di}$，其中，d$i$ 為漣波電流（$0.3 \times I_{o,max}$）而 dt 為關閉時間。

接著，可利用在整流時的標稱輸入電壓值計算電感 $L1$：

$$L_1 = \frac{V_{o,max} \times T_{OFF}}{0.3 \times I_{o,max}}$$

在此範例中，計算出的電感 $L1 = 380μH$ 而最接近的標準值為 470μH。因選用的標準值稍高於計算值，故漣波電流會小於 30%。

電感的額定峰值電流為 350mA 加上 15% 的漣波：

$$i_p = 0.35 \times 1.15 = 0.4A$$

電感的方均根 RMS 電流與平均電流相同（亦即，350mA）。

5.2.5 選擇 MOS 電晶體（$Q1$）及二極體（$D2$）

MOS 電晶體所看到的峰值電壓相當於最大輸入電壓，假設多加 50% 的安全額定電壓，可算出為

$$V_{FET} = 1.5 \times 30V = 45V$$

MOS 電晶體流過的最大方均根電流與最大的工作週期相關，在此範例中為 80%。因此，MOS 電晶體的額定電流為

$$I_{FET} \approx I_{o,\,max} \times 0.8 = 0.28A$$

通常選用限流約三倍大的 MOS 電晶體以減少開關的電阻損失。在此應用中，可選用耐壓 50V、限流大於 1A 的 MOS 電晶體；適合的元件為 Supertex 的 VN3205N8，其額定值為耐壓 50V、限流 1.5A。

二極體的額定峰值電壓與 MOS 電晶體的相同，因此，

$$V_{diode} = V_{FET} = 45V$$

在最壞情況下（工作週期最小時）通過二極體的平均電流為

$$I_{diode} = 0.87 \times I_{o,\,max} = 0.305A$$

故可選用耐壓 60V、限流 1A 的蕭特基二極體，International Rectifier 公司的

10BQ0606 為合適的元件。

5.2.6 選擇檢測電阻（R2）

檢測電阻值由下式所設計：

$$R2 = \frac{0.25}{1.15 \times I_{o,\max}}$$

上式是假設使用 0.25V 的內部臨界電壓，否則，要用 LD 腳位的電壓取代掉方程式中的 0.25V（在分子中）。注意，因為總漣波電流規定為 30%，故電流上限設為比需要的最大電流高 15%（分母中的 1.15 倍）。

在此設計中，計算出的 $R2 = 0.625\Omega$，而最接近的標準電阻值為 $R2 = 0.62\Omega$。

當標準電阻值與計算電阻值的差距很大，或是檢測電阻要求低功率消耗時（有可能是為了增加效率），可用分壓器連接至 LD 腳位，以將其電壓設為較低值。假設檢測電阻 R2 改為 0.47Ω，需把 LD 腳位的 0.25V 降低 0.47/0.625 = 0.752 倍，也就是變為 188mV（250mV × 0.752 = 188mV）。

注意，當需用高頻電流脈衝對閘極充電時，電容器 C3 為在 MOS 電晶體切換時用於維持 HV9910B 內部供應電壓 V_{DD} 的旁路電容。典型的電容 C3 建議用電容值 2.2μF、耐壓 16V，不過在此設計中的 MOS 電晶體閘級電荷非常少，使用電容值 1μF、耐壓 16V 的電容亦可。

5.2.7 低電壓降壓型設計的常見錯誤

1. 使用電感值過大之電感

雖然增加電感值似乎是減少漣波電流的解決方法，但實際上卻會引起另一個問題，在控制 IC 控制的適當切換週期內，不會流入足夠的電流。在開關導通時，電流檢測電阻上的電壓降差不多就是電流檢測比較器的參考電壓值。在開關導通瞬間，因為飛輪二極體的逆向電流以及通過電感寄生電容的電流，會有大量的衝擊電流進入電流檢測電阻。即使是最小的衝擊電流，都會在電流檢測電阻上產生電壓突波，而使電

流檢測比較器判斷錯誤。這表示 MOS 電晶體在導通開關後幾乎馬上就會關閉開關。

典型的切換圖型是用一個把能量存在電感內的適當切換週期隨後接上一個短切換脈衝。切換脈衝供給電感器的能量很少，但會產生很高的切換損耗，其結果是得到效率較低的電路，而且會有過熱及電磁輻射干擾的問題。

2. 使用錯誤類型的飛輪二極體

蕭特基二極體的順向電壓降很低，因此功率消耗也較小。然而，在低工作週期的應用中，LED 的電流在大多數的時間中會流過飛輪二極體。假設在 350mA 的低電流應用中，0.45V 的順向電壓降會造成 157.5mW 的導通損耗，尚可利用 SMA 封裝散熱；但對於大電流的應用，則要考慮使用 SMB 或 SMC 封裝。注意，蕭特基二極體的順向電壓降隨著額定電流增加而增加，所以耐壓 30V 的蕭特基二極體的順向電壓降 V_f 遠低於耐壓 100V 的蕭特基二極體。

5.3　交流輸入的降壓型電路

接著要討論以 HV9910B 用在交流輸入應用的降壓型 LED 驅動電路的範例。當輸入電壓範圍改變時，亦可使用同樣的步驟設計 LED 驅動電路，電路方塊圖如圖 5.4 所示。

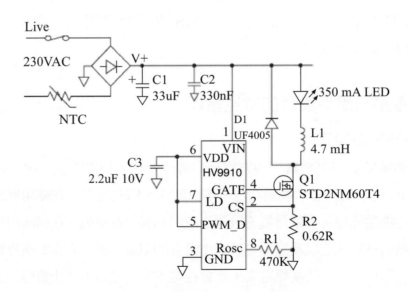

圖 5.4　通用電源輸入的降壓型電路

在設計交流輸入電路時，需要注意兩個問題。除了與 LED 驅動電路相關的設計之外，還要考慮到低頻而且通常為高壓的電源供應。因為外加的是高壓的低頻弦波電源，故需要大輸入電容以在輸入弦波的每個半週期之間維持住電源的峰值電壓。在大輸入電容加上高壓會產生可能造成損害的衝擊電流，所以需要衝擊限流器（負溫度係數電阻 NTC）。

5.3.1　預定規格

輸入電壓範圍＝90V 至 265V 交流（標稱值為 230V 交流）

LED 串路電壓範圍＝20-40V

LED 電流＝350mA

預期效率＝90%

5.3.2　選擇切換頻率及電阻（$R1$）

切換頻率會影響電感 $L1$ 的尺寸，較高的切換頻率表示可用較小的電感，但會增加電路的切換損失。對高輸入電壓的應用而言，折衷後可得到良好結果的切換頻率通常為 f_s = 80kHz。由 HV9910B 的規格書可得知，為得到此頻率，需要 470kΩ 的計時電阻。

5.3.3　選擇輸入二極體橋式整流器（$D1$）以及熱敏電阻（NTC）

二極體橋式整流器的額定電壓依輸入電壓的最大值而定，乘上 1.5 倍的係數是為了 50% 的安全限度。

$$V_{\text{bridge}} = 15 \times (\sqrt{2} \times V_{\text{max,ac}}) = 562\text{V}$$

額定電流依照轉換電路汲取的最大平均電流而定，而最大平均電流發生在輸入電壓最小（由直流電位來看，以容許輸入電容器的電壓在交流電壓峰值之間下降）且輸出功率最大時。最小輸入電壓需超過最大 LED 串路電壓的兩倍，以確保工作週期低

於 50% 並因而維持穩定。在此範例中，整流後的最小電壓為

$$V_{min, dc} = 2 \times V_{o, max} = 80V$$

$$I_{bridge} = \frac{V_{o, max} \times I_{o,max}}{V_{min, dc} \times \eta} = \frac{14}{72} = 0.194A$$

在此設計中，使用 230V 的交流電源，可選用耐壓 600V、限流 1A 的二極體橋式整流器。

當輸入最大電壓時，熱敏電阻可限制衝擊電流不超過穩定電流的五倍。所需的冷電阻為：

$$R_{cold} = \frac{\sqrt{2} \times V_{max, ac}}{5 \times I_{bridge}}$$

在 25°C時算出的電阻值為 380Ω，依計算值的建議，可選用阻值約 380Ω、方均根限流應大於 0.2A 的熱敏電阻，但實際上，用額定電流 1A 的 120Ω 熱敏電阻也可以。

5.3.4 選擇輸入電容（$C1$ 及 $C2$）

第一個碰到的設計準則是最大 LED 串路電壓需小於最小輸入電壓的一半，這是為了在固定切換頻率操作時，能滿足穩定性要求。由前面的計算已得知，最小的整流後電壓應為：

$$V_{min, dc} = 2 \times V_{o, max} = 80V$$

橋式整流器輸出端所需的維持電容需用最小交流輸入電壓計算，並用下式計算出電容：

$$C1 \geq \frac{V_{o,max} \times I_{o,max}}{(2 \times V_{min,ac}^2 - V_{min,de}^2) \times \eta \times freq}$$

在此範例中，電容 $C1$ 應為：

$$C1 \geq 26.45\mu\text{F}$$

電容的額定電壓應高於輸入的峰值電壓。

$$V_{\text{max, cap}} \geq \sqrt{2} \times V_{\text{max, ac}}$$
$$\Longrightarrow V_{\text{max, cap}} \geq 375\text{V}$$

故可選擇電容量 $33\mu\text{F}$、耐壓 450V 的電解電容器。

電解電容用在維持電壓的特性非常良好，但因等效串聯電阻太大故不適合用於吸收降壓型轉換電路產生的高頻漣波電流，因此需要並聯金屬化聚丙烯電容以吸收高頻漣波電流。所需的高頻電容值可由下式計算：

$$C2 = \frac{I_{\text{o, max}} \times 0.25}{f_{\text{s}} \times (0.05 \times V_{\text{min, dc}})}$$

在此設計範例中，所需的高頻電容的電容量約為 $0.33\mu\text{F}$、耐壓 400V。此電容應放在電感 $L1$ 和 MOS 電晶體開關 $Q1$ 附近，以把高頻迴路電流限制在印刷電路板上的很小範圍內。

5.3.5　選擇電感（$L1$）

電感值與 LED 漣波電流的容許度有關，在此假設 LED 電流中可容許 ±15% 的漣波電流（共 30%）。

電感最常見的公式為 $E = L \times \dfrac{di}{dt}$，當 MOS 電晶體開關處在關閉時間內，電感會對 LED 供應能量，電壓為 $E = V_{LED} = V_{\text{o, max}} = L \times \dfrac{di}{dt}$。把上式重新整理可得電感 $L = V_{\text{o,max}} \times \dfrac{dt}{di}$，其中，$di$ 為漣波電流 $di = 0.3 \times I_{\text{o, max}}$ 而 dt 為關閉時間

$$dt = \frac{1 - \dfrac{V_{o,\max}}{\sqrt{2} \times V_{ac,nom}}}{f_s}$$ 。注意，降壓型轉換電路的工作週期為 $D = \dfrac{V_{out}}{V_{in}}$ ，所以關閉

時間為 $dt = \dfrac{1-D}{f_s}$ 。

接著，可利用在整流時的標稱輸入電壓值計算電感 $L1$：

$$L1 = \frac{V_{o,\max} \times \left(1 - \dfrac{V_{o,\max}}{\sqrt{2} \times V_{ac,\max}} \right)}{0.3 \times I_{o,\max} \times f_s}$$

在此範例中，計算出的電感值 $L1 = 4.2\text{mH}$，而最接近的標準值為 4.7mH。因選用的標準值稍高於計算值，故漣波電流會小於 30%。

電感的額定峰值電流為 350mA 加上 15% 的漣波：

$$I_p = 0.35 \times 1.15 = 0.4\text{A}$$

電感的方均根電流與平均電流相同（亦即，350mA）。

注意，因電感值很大，線圈上的寄生電容會很明顯，並影響切換損耗。

5.3.6　選擇 MOS 電晶體（$Q1$）及二極體（$D2$）

MOS 電晶體所看到的峰值電壓相當於最大輸入電壓，假設多加 50% 的安全額定電壓

$$V_{\text{FET}} = 1.5 \times (\sqrt{2} \times 265) = 562\text{V}$$

MOS 電晶體流過的最大方均根電流與最大的工作週期相關，在此設計中為 50%。因此，MOS 電晶體的額定電流應為

$$I_{\text{FET}} \approx I_{o,\max} \times \sqrt{0.5} = 0.247\text{A}$$

通常可選用限流比最大方均根電流大約三倍的 MOS 電晶體以減少開關的電阻損失。在此應用中，可選用耐壓 600V、限流大於 1A 的 MOS 電晶體；適合的元件為 ST 的 STD2NM60，其額定值為耐壓 600V、限流 2A。此 MOS 電晶體有 2.8Ω 的開路電阻，當以最高 50% 的時間通過 350mA 電流時，導通損耗為 171mW（P = I^{2}R = 0.35^2 × 2.8 × 0.5 = 0.171W）。

雖然可使用低開路電阻的 MOS 電晶體減少導通損耗，但由寄生電容以及二極體逆向恢復電流引起的切換損耗則會變高。二極體 *D2* 會有一小段的時間導通逆向電流，舉例來說，想像有流體通過機械閥門，當加上逆向壓力時，需要一小段的時間才能關閉閥門並讓流體的逆向流動停止。因為在電流停止前需藉由逆向偏壓掃除傳導帶的自由電子，故二極體也會有類似的情況。在 MOS 電晶體每次導通時，會有電流突波通過 MOS 電晶體，但此電流會受到 MOS 電晶體的額定電流所限制，所以低額定電流可減小切換損耗。

二極體 *D2* 的額定峰值電壓與 MOS 電晶體相同，也就是

$$V_{\text{digdc}} = V_{\text{FET}} = 562\text{V}$$

二極體 *D2* 的平均電流為

$$I_{\text{diode}} = 0.5 \times I_{\text{o, max}} = 0.175\text{A}$$

二極體 *D2* 可選用耐壓 600V、限流 1A 的超快二極體。UF4005 為一種低成本的超快二極體，但若要求更高的效率，則可選用例如 STTH1R06 的更快的二極體。假設導通電流 350mA 時的順向偏壓為 1V，在工作週期低時導通損耗將小於 350mW。切換損耗的值可能會高於導通損耗，但使用的二極體越快此問題則越小，因為逆向導通的時間週期越短。

5.3.7　選擇檢測電阻（*R2*）

檢測電阻值由下式所設計：

$$R2 = \frac{0.25}{1.15 \times I_{o,\max}}$$

上式是假設使用 0.25V 的內部臨界電壓,否則,要用 LD 腳位的電壓取代掉方程式中的 0.25V(在分子中)。如前一範例所述,可在 LD 腳位接上較低的電壓值以使用較易取得的 $R2$ 電阻值。

在此設計中,計算出的 $R2 = 0.625\Omega$,而最接近的標準電阻值為 $R2 = 0.62\Omega$。

注意,當需要高頻電流脈衝對閘極充電時,電容器 $C3$ 為在 MOS 電晶體切換時用於維持 HV9910B 內部供應電壓 V_{DD} 的旁路電容。典型的 $C3$ 建議用電容值 2.2μF、耐壓 16V,不過在交流應用中,用低到 0.1μF 的小電容的效果亦不錯。因切換頻率通常會降低,故對 MOS 電晶體閘級電流的要求也會降低。再者,因輸入電源腳位的電壓較高,在 MOS 電晶體切換時內部調節器的落差電壓不太可能引起電壓不足的落差問題。

5.4 交流相位調光器驅動之降壓型電路

由交流相位調光器供能之 LED 驅動電路需要加入特別的額外電路。相位調光器通常會使用由被動相位移電路致能的雙向矽控整流器 TRIAC。因為切換暫態會引起嚴重的電磁干擾問題,故雙向矽控整流器需接旁路電容(通常為 10nF),並在輸出端串聯電感以濾除電磁輻射。相位調光器電路如圖 5.5 所示。

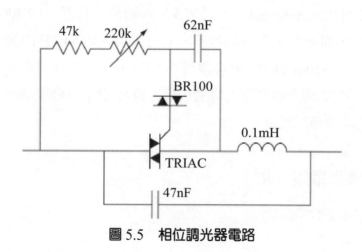

圖 5.5 相位調光器電路

　　未致能的 LED 驅動電路輸入為高阻抗，而橋式整流器的直流側接有大電容值的平滑化電容。跨在雙向矽控整流器上面的電容會讓微小的電流通過橋式整流器，並讓平滑化電容開始充電。當電壓提高後，LED 驅動電路會開始動作，結果是 LED 偶爾會閃爍發亮。

　　因此，需加入放電電路以讓平滑化電容的電壓低於啟動 LED 驅動電路所需的電壓，電路中的 390Ω 電阻可讓平滑化電容放電以便電壓維持在 5V 以下。為避免電路致能後功率損耗過高，可使用簡單的電壓偵測器，當偵測到電壓高於約 8V 時，即切斷 390Ω 電阻的迴路。此電路如圖 5.6 所示。

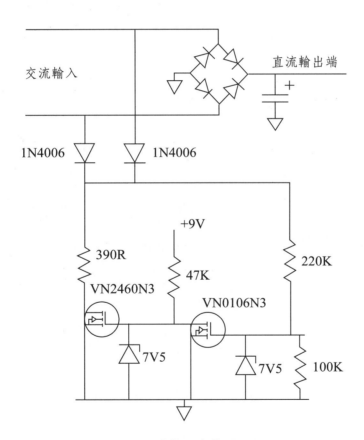

圖 5.6　平滑化電容放電電路

　　雙向矽控整流器係一種自我維持開關，但需要有負載，一但雙向矽控整流器被觸發後，負載電流可維持雙向矽控整流器導通。不過除非輸入電壓提升到高於 LED 驅

動電壓,否則 LED 驅動電路無法供作為負載,而此電路需花上一小段時間達到足夠的高壓後才能穩定,以維持雙向矽控整流器導通。因此,LED 驅動電路輸入端需加入可在低壓時切換的額外負載。

實驗的結果發現 2.2KΩ 的電阻可作為雙向矽控整流器的負載,而此負載應留在電路中直到電源電壓升高至約 100V 時,但隨後應馬上關閉直到下一個半波週期的上升邊緣。可提供此功能的閂鎖電路如圖 5.7 所示。

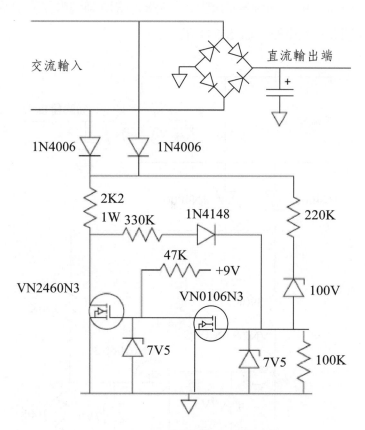

圖 5.7　額外的負載切換電路

上述的電路可整合在一起,平滑化電容放電電路的電壓偵測器亦可當作 LED 驅動電路(脈波寬度調變輸入)的致能訊號。因此,當雙向矽控整流器關閉時,LED 驅動電路亦關閉,最終整合的電路如圖 5.8 所示。

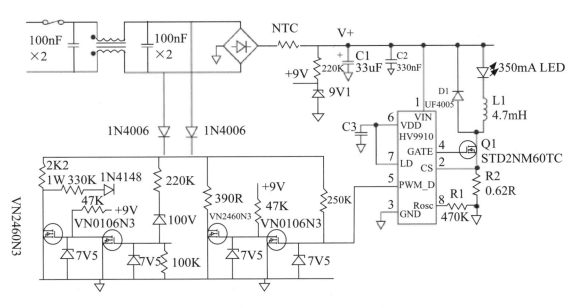

圖 5.8　完整的相位調光器 LED 驅動電路

5.5　交流輸入降壓型電路的常見錯誤

最常見的錯誤是想要利用交流電驅動單一個發光二極體。對於輸入電壓為 90V 至 265V 的萬用交流電源供應器來說，整流後的電壓約為 100V 至 375V，因為工作週期的定義為 V_{out}/V_{in}，最差的情況為 $V_{in} = 375V$；當僅驅動一個具有 3.5V 順向電壓的白光 LED 時，工作週期僅為 3.5/375 = 0.9333%。若切換頻率為 50kHz，週期為 0.02ms，則 MOS 電晶體的導通時間僅 186ns，而這時間短的讓電流檢測電路無法反應；導通時間最少要 300ns 才夠讓電流檢測電路動作。當以 20kHz 的切換頻率操作時，導通時間為 466ns，接近可正確控制的下限，因此需要雙降壓型驅動電路（請參考下一節）。

另一個錯誤是忘記考慮電感線圈的寄生電容以及飛輪二極體的逆向電流。這些因素在低壓直流應用中可忽略，但在整流後為高壓的交流應用中則否。MOS 電晶體的峰值電流可高的足以使電流檢測電路出錯，導致不穩定的切換，所以可能需要把一個電阻電容濾波器放在電流檢測電阻以及積體電路的電流檢測輸入端之間。此電阻電容濾波器可利用一個 2.2kΩ 的串聯電阻緊接著一個接地的 100pF 並聯電容來完成。

5.6 雙降壓型轉換器

雙降壓型轉換器，如圖 5.9 所示，是種不常見的設計，使用一個 MOS 電晶體開關 Q1，但有兩個串聯的電感 L2 及 L3。二極體可控制電感 L2 的電流，以讓 L2 正確的操作在不連續導通模式 DCM。

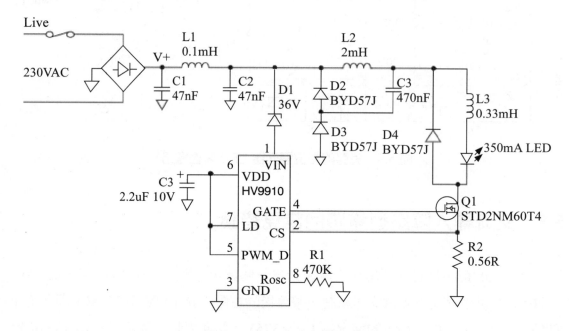

圖 5.9　雙降壓型轉換器電路

當輸出電壓非常低但輸入電壓很高時會需要用到雙降壓型轉換器，例如在使用交流電源驅動單一顆功率 LED 時。在這種情況中，除非切換頻率很低，否則因為降壓轉換器的導通時間太短，單級降壓型轉換器無法正常工作。

假設最大的工作週期 D_{max} 小於 0.5，並假設第一級電感 L2 在最大工作週期時 D_{max} 處於邊界導通模式 BCM。邊界導通模式指得是電感電流一降為零，馬上就開始下一個切換週期。

因為需要降壓兩次，所以最低輸入電壓與最大工作週期的平方成反比：

$$V_{in\,min} = \frac{V_O}{D_{max}^2}$$

或者，可將上式表示為：

$$D_{\max} = \sqrt{\frac{V_O}{V_{\text{in min}}}}$$

上式是假設操作在最低輸入電壓 $V_{\text{in min}}$ 時，電感 $L2$ 處於邊界導通模式而電感 $L3$ 則在連續導通模式 CCM。

在最低輸入電壓 $V_{\text{in, min}}$ 及最大工作週期 $D_{\max}$ 下，所儲存的電容電壓可由下式表示：

$$V_{c\,\min} = V_{\text{in min}} * D_{\min}$$

在最低輸入電壓 $V_{\text{in, min}}$ 時，輸入級電感通過的峰值電流等於：

$$I_{L2\_\text{pk}} = 2 * I_{L2\_\text{avg}}$$
$$= 2 * \frac{V_O * I_O}{V_{c\,\min}}$$

因此，主要級電感 $L2$ 的電感值為：

$$L2 = \frac{(V_{\text{in min}} - V_{c\,\min}) * D_{\max} * T_s}{I_{L2\_\text{pk}}}$$

不連續導通模式的降壓型轉換器的轉移比由下式所決定，其中的電阻 R 是轉換器的負載電阻：

$$\frac{V_c}{V_{\text{in}}} = \frac{2}{1 + \sqrt{1 + \frac{8 \times L2}{R \times T_s \times D^2}}}$$

假設第二級在連續導通模式下，第一級電路所看到的負載電阻 R 如下式：

$$R = \frac{V_c{}^2}{P_o}$$

$$\Rightarrow R \times D^2 = \frac{(V_c \times D)^2}{P_o} = \frac{V_o{}^2}{P_o}$$

把上兩式結合運算，可得到定值 K：

$$\frac{V_c}{V_{in}} = K = \frac{2}{\sqrt{1 + \dfrac{8 \times L2 \times P_o}{T_s \times V_o{}^2}}}$$

並可發現工作週期 D 與輸入電壓 V_{in} 成反比：

$$D = \frac{V_o}{V_c} = \frac{V_o}{K \times V_{in}}$$

接下來可以證明不管操作的輸入電壓為何，通過 $L2$ 的峰值電感電流為定值。首先假設 $D = V_o/(K \times V_{in}) = K'/V_{in}$，也就是 $K' = V_o/K$，因為 V_o 為定值，故上述的 K' 也為定值。把前面電感 $L2$ 的式子移項並代入上述的定義後，可將電感 $L2$ 的電流 i_{L2} 表示為

$$i_{L2,pk} = \frac{(V_{in} - V_c) \times D \times T_s}{L2}$$

$$= \frac{V_{in} \times (1 - K) \times \dfrac{K'}{V_{in}} \times T_s}{L1}$$

$$= \frac{(1 - K) \times K' \times T_s}{L2}$$

我們可用最大輸入電壓 $V_{in\,max}$（等於 $\sqrt{2}\, V_{ac\,max}$）以及最小輸入電壓 $V_{in,min}$ 定義平均輸入電壓：

$$V_{\text{in avg}} = \frac{(V_{\text{in max}} + V_{\text{in min}})}{2}$$

假設在輸入電壓最小以及工作週期最大的情況下有 10% 的電壓漣波，則可計算儲存電容的電容值如下：

$$C = \frac{0.5 * I_{L2\_\text{pk}} * (l - D_{\max}) * T_s}{0.1 * V_{\text{c min}}}$$

以平均電壓輸入可計算儲存電容上的電壓值：

$$V_{c\,\text{avg}} = K * V_{in\,\text{avg}}$$

接著可用平均輸入電壓計算平均工作週期：

$$D_{\text{avg}} = \frac{V_{\text{o}}}{V_{c\,\text{avg}}}$$

最後，可計算出 $L3$ 的電感值：

$$L3 = \frac{(V_{c\,\text{avg}} - V_{\text{o}}) * D_{\text{avg}} * T_s}{\Delta I_{L3}}$$

5.7 磁滯降壓型轉換器

遲滯降壓型轉換器是可用來替代峰值電流控制降壓型轉換器的，此電路使用一個快速的比較器驅動 MOS 電晶體開關。比較器的輸入端是電流檢測電路，可監測由正電源端 VIN 供給 LED 負載之電流跨在 R_{CS} 電阻上所形成的電壓差，如圖 5.10 所示。

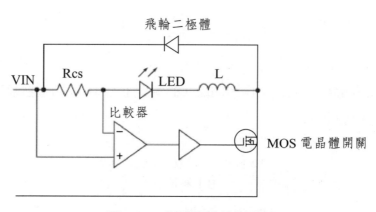

圖 5.10　磁滯電流控制電路

　　當電流所形成的電位下降到或低於最低參考電壓時，MOS 電晶體會導通；而當電流所形成的電位上升到或高於最高參考電壓時，MOS 電晶體會關閉，如圖 5.11 所示。藉由此方法，無論電源供應器電壓或 LED 順向電壓如何改變，均可將 LED 的平均電流維持不變。

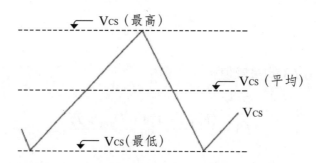

圖 5.11　電流檢測電壓（LED 負載中的電流）

　　輸出電流的大小由下式所求出的適當電阻值所決定：

$$R_{SENSE} = \frac{1}{2} \cdot \frac{(V_{CS(high)} + V_{CS(low)})}{I_{LED}}$$

　　詳細點說，檢測電阻值是由平均的電流檢測電壓（V_{CS} 最高準位和最低準位的中點）除以所需的 LED 平均電流所決定。而遲滯控制器的使用手冊會提供比較器所用的高電流檢測電壓準位和低電流檢測電壓準位。

第六章
升壓型轉換電路
Boost Converters

　　在 LED 串路電壓比輸入電壓還高的 LED 驅動應用中，升壓型轉換電路（參考圖 6.1）是種相當理想的選擇，此種電路通常僅用在輸出電壓超過輸入電壓最少約 1.5 倍時。

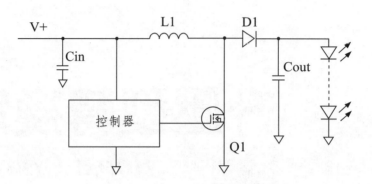

圖 6.1　簡化的升壓型轉換器電路

　　升壓型轉換電路的優點有：

- 可輕易地設計出操作效率超過 90% 的升壓型轉換電路。

- MOS 電晶體與 LED 串路為共接地，這可簡化 LED 電流的檢測，不像在降壓型轉換電路中，必需用高壓側的 MOS 電晶體驅動器或高壓側的電流檢測電阻來做檢測。

- 可使用連續式的輸入電流，這可簡化輸入漣波電流的濾波，並因而輕易地達到電磁干擾防制的標準。

　　但升壓型轉換電路也有某些缺點，特別是作為 LED 驅動電路使用時，因為 LED 串路的動態阻抗很低。

- 升壓型轉換電路的輸出電流波形為脈衝波，因此，需要很大的輸出電容以減少 LED 電流的漣波。

- 大輸出電容會使脈寬調變 PWM 調光電路的設計更具挑戰性。升壓型轉換電路需要導通及關閉切換以達成 PWM 脈寬調光，這表示電容需在每個 PWM 調光週期充電及放電，而這會增加 LED 電流的上升及下降時間。

- 升壓型轉換電路無法用開迴路控制電路控制 LED 電流（與利用 HV9910 為基礎的降壓型控制電路相同），故需要用閉迴路讓轉換電路穩定。這同樣會讓脈寬調光電

路變得複雜,因為需要很大的控制電路頻寬,以得到所需的響應時間。

- 當輸出短路時,無法控制輸出電流。電感及二極體可構成一條由輸入至輸出的迴路,所以關閉切換 MOS 電晶體對短路電流不會造成影響。

- 當輸入電壓暫態使輸入電壓超過 LED 串路電壓時,會有大量的衝擊電流進入 LED,若衝擊電流過高,可能會損害 LED。

6.1 升壓型轉換電路的操作模式

升壓型轉換電路有兩種操作模式－連續導通模式和不連續導通模式。升壓型轉換電路的操作模式由電感電流的波形所決定,圖 6.2(a) 為連續導通模式升壓型轉換電路的電感電流波形,而圖 6.2(b) 則為不連續導通模式升壓型轉換電路的電感電流波形。

當最大升壓比(輸出電壓對輸入電壓比)小或等於六倍時,可使用連續導通模式升壓型轉換電路,但若需要更高的升壓比,則需使用不連續導通模式。然而,在不連續導通模式中,電感電流有很大的峰值,會增加電感的磁芯損耗,因此不連續導通模式升壓型轉換電路的效率通常會小於連續導通模式升壓型轉換電路,而且會產生較大的電磁干擾問題,並讓輸出功率限制在較小值。

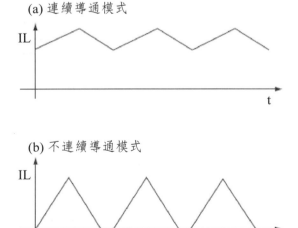

圖 6.2 連續導通模式 CCM 以及不連續導通模式 DCM 的電感電流

6.2 HV9912 **升壓型控制器**

　　Supertex 的 HV9912 IC 是一種閉迴路、峰值電流控制、切換式轉換電路的
LED 驅動器，HV9912 的內建電路特性可克服升壓型轉換電路的缺點。特別是，
HV9912 具有可切斷的 MOS 電晶體驅動輸出，此輸出的外部 MOS 電晶體驅動電路
可在輸出短路或輸入電壓過高的情況下切斷 LED 串路。HV9912 亦可利用此切斷電
晶體大幅改善轉換電路的脈波調光響應（參考 PWM 調光章節）。IC 製造商 Linear
Technology 的 LTC3783 具有類似的功能，但用在供應電壓較低的應用中（輸入電壓
為 6-16V 時）。

　　圖 6.3 顯示 HV9912 內部最具代表性的功能方塊圖。

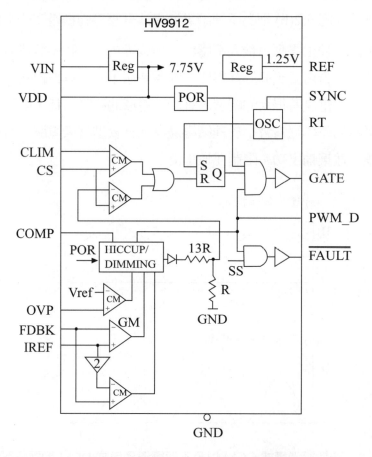

圖 6.3　簡化的 HV9912 內部架構圖

HV9912 內建的高壓調節器 Reg 可調節驅動 IC 的 9-90V 輸入電壓以提供 7.75V 的穩定電壓 VDD。上述的輸入電壓範圍已可適用於大多數的升壓應用，而此 IC 亦可用在降壓應用以及需要準確電流控制的 SEPIC 電路中。在高壓的降壓應用中，可加入與輸入端串聯的稽納二極體，以接受更高的操作電壓，或減少此 IC 的功率消耗。

在有必要時，HV9912 IC 的 VDD 腳位可加上低額定電壓（大於 10V）、低額定電流的二極體後以外部電源過度驅動；此二極體尚可在外部電壓低於內部穩定電壓時避免 HV9912 受損。可加至 HV9912 的 VDD 腳位的最大穩態電壓為 12V（暫態的額定電壓為 13.5V），為讓該二極體有順向壓降維持順偏，合理的電壓源為 12V±5%。

HV9912 內含一個具有緩衝隔離且誤差準確度為 2% 的 1.25V 參考電壓 REF。藉由在 REF 針腳和 IREF 針腳之間以及 REF 針腳和 CLIM 針腳之間加上分壓網路，可利用此參考電壓設定電流參考值以及輸入電流上限值。此參考電壓亦可用來設定電路內部的過電壓設定點。

使用外部電阻可設定 HV9912 振盪時脈。當電阻連接在 RT 針腳以及 GND 針腳之間時，此轉換器操作在定頻率模式；但當電阻連接在 RT 針腳以及 GATE 針腳之間時，此轉換電路操作在定關閉時間模式（在定關閉時間模式下，不需要斜率補償穩定轉換電路的操作）。無論在哪種電路中，均可利用 6.3.12 節所給的公式，把時脈週期或關閉時間設定在 2.8μs 至 40μs 之間。

藉由把多個 HV9912 IC 的 SYNC 針腳連結在一起，可用單一個切換頻率把所有的 IC 同步，在 RGB 的彩色燈光系統或在可移除特定頻率的電磁干擾防制濾波器中可能會需要用到此功能。

HV9912 的閉迴路控制可藉由把輸出電流檢測訊號連接至 FDBK 針腳並把電流參考訊號連接至 IREF 針腳而達成。HV9912 會試著讓回授訊號等於 IREF 針腳的電壓，若回授訊號太高，表示電流超過所需的大小，則 MOS 電晶體停止切換；當回授訊號低於 IREF 針腳的電壓，再次開始切換。

此電路的補償網路連接到 COMP 針腳（轉導運算放大器的輸出）。此外，圖 6.3 中並未顯示出放大器輸出端被 PWM 調光訊號控制的開關。當 PWM 調光訊號為低

準位時，此開關會切斷放大器的輸出，因此，當 PWM 訊號為低準位時，補償網路的電容會維持住電壓；當 PWM 調光訊號再次提升為高準位時，補償網路會重新連接至放大器。這可讓轉換電路從正確的操作點開始，而且無需設計快速的轉換電路即可獲得非常良好的 PWM 調光響應。

$\overline{FAULT}$ 腳位是用來驅動外部切斷 MOS 電晶體（如圖 6.4 所示）。在 HV9912 啟動之初，$\overline{FAULT}$ 腳位維持在低準位，當 HV9912 IC 啟動之後，$\overline{FAULT}$ 腳位則被拉至高準位，讓 LED 串路連接到電路上並讓升壓型轉換電路對 LED 串路供電。在輸出電壓過高或輸出短路的情況中，$\overline{FAULT}$ 腳位被拉至低準位，且外部切斷 MOS 電晶體關閉以切斷 LED 串路。

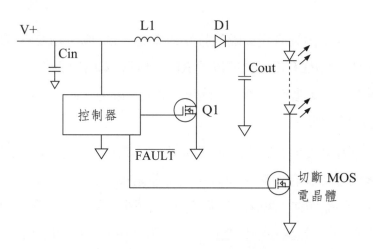

圖 6.4 切斷 MOS 電晶體電晶體

$\overline{FAULT}$ 腳位亦受到 PWM 調光訊號的控制，因此當 PWM 調光訊號為高準位時此腳位為高準位，反之亦然，以便在電路故障時切斷 LED 串路的連接，並保證輸出電容不需要在每個 PWM 調光週期充放電。PWM 調光輸入和保護電路輸出以 AND 邏輯後輸出到 $\overline{FAULT}$ 腳位，以讓保護電路輸出對$\overline{FAULT}$ 腳位的優先權高於 PWM 調光輸入。

當輸出電流檢測電壓(在 FDBK 腳位上)超過參考電壓(在 IREF 腳位上)兩倍時，會觸發比較器以提供輸出短路保護；當 OVP 腳位的電壓超過 5V 時，輸出過電壓保護會啟動，而這兩種故障訊號都會送到 Hiccup 控制保護電路。當故障發生時，

Hiccup 控制保護電路的輸出會關閉掉 GATE 腳位以及 $\overline{FAULT}$ 腳位。一但 HV9912 IC 進入故障模式後，無論是輸出電壓過高或短路，Hiccup 控制保護電路均會啟動，把兩個 MOS 電晶體的閘極驅動關閉掉。在同一時間，計時電路會讓輸出關閉掉一段時間（此時間由 COMP 腳位的電容所決定），等到計時結束，HV9912 IC 會試著重新啟動。若故障條件仍然存在，輸出會再次關閉並重置計時電路。上述程序會不斷重覆到故障排除為止，然後 HV9912 IC 繼續正常的動作。

變化 IREF 腳位的電壓值可得到線性調光，這可從 REF 腳位利用分壓器或從外部電源和分壓電阻來完成，以讓輸出電流可線性調整。但 GM 放大器的輸出有最低輸出電壓限制，以免 IREF 腳位輸入很低的電壓時會錯誤的觸發故障訊號，此輸出電壓限制會讓線性調光範圍限制在約 10：1。

雖然升壓型轉換電路有缺點，但 HV9912 IC 本身的特性可得到非常快速的 PWM 調光響應，PWM 調光訊號可控制此 IC 的三個端點。

- 切換 MOS 電晶體的閘極訊號
- 切斷 MOS 電晶體的閘極訊號
- 轉導運算放大器的輸出連接端

當 PWMD 為高準位時，切換 MOS 電晶體和切斷 MOS 電晶體的閘極均被致能，在同一時間內，轉導運算放大器的輸出會連接至補償網路，讓升壓型轉換電路正常地運作。

當 PWMD 降至低準位時，切換 MOS 電晶體的閘極禁能，停止把能量從輸入轉移至輸出，但無法避免輸出電容對 LED 放電，因此 LED 電流的衰減時間會很長。電容放電亦表示，電路再次啟動時，輸出電容需要再次充電，因此會增加 LED 電流的上升時間。若輸出電容越大，則問題越嚴重，所以，如何避免輸出電容放電相當地重要。而關閉切斷 MOS 電晶體為解決的方法，這可讓 LED 電流幾乎馬上降為零。因輸出電容不會放電，故在 PWMD 升至高準位時也不用對電容充電，同時可大幅地縮短上升時間。

所以，若控制電路在回授放大器的輸出沒有開關時會如何？當 PWMD 降至低準位時，輸出電流降為零，這表示回授放大器在輸入端會看到非常大的誤差訊號，會讓

補償電容上跨過的電壓加至最大值。因此，當 PWMD 再次升至高準位時，補償網路上的高電壓表示電感峰值電流很高，會讓 LED 電流有很大的突波，而此電流會回流至調節電路（與控制電路的速度有關），造成損壞。

HV9912 可在 PWMD 降至低準位時切斷放大器輸出與補償網路之間的連接，可避免補償電容放電而維持住電壓。因此，當 PWMD 再次升至高準位時，電路已處於穩定態的條件下，可消除導通時的 LED 電流突波。

6.3　連續導通模式升壓型 LED 驅動電路設計

再一次的提醒，當輸出電壓為輸入電壓的 1.5 倍至 6 倍之間時，連續導通模式才能有效運作。

6.3.1　設計規格

輸入電壓範圍 = 22 - 26V

LED 串路電壓範圍 = 40 - 70V

LED 電流 = 350mA

LED 漣波電流 = 10%（35mA）

LED 串路動態阻抗 = 18 歐姆

預期效率 > 90%

6.3.2　典型電路

圖 6.5 顯示典型的升壓型轉換電路。

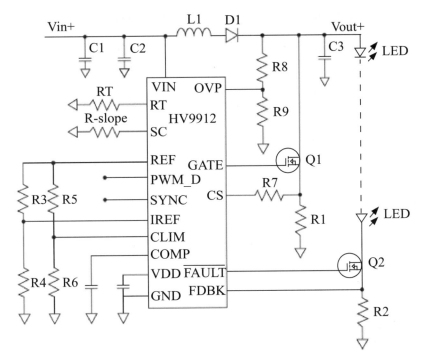

圖 6.5　連續式升壓型轉換器電路

6.3.3　選擇切換頻率（f_s）

　　對低壓（輸出電壓 < 100V）且輸出功率值中等（< 30W）的應用而言，在切換功率損耗以及元件尺寸之間折衷後，f_s = 200kHz 的切換頻率是個很好的結果。當電壓或功率階度更高時，可減低切換頻率以減少外部 MOS 電晶體的切換損失。

6.3.4　計算最大工作週期（D_{max}）

　　操作的最大工作週期可用下式計算：

$$D_{max} = 1 - \frac{\eta_{min} \cdot V_{in\,min}}{V_{o\,max}}$$

$$= 0.717$$

注意：若最大工作週期 $D_{max} = 0.85$，表示對應的升壓比很高，轉換電路無法用連續導通模式操作，必需用不連續導通模式操作以達到所需的升壓比。

6.3.5　計算最大電感電流（$I_{in\,max}$）

最大輸入電流為

$$I_{in\,max} = \frac{V_{o\,max} \cdot I_{o\,max}}{\eta_{min} \cdot V_{in\,min}}$$

$$= 1.24A$$

6.3.6　計算輸入電感值（$L1$）

輸入電感值 $L1$ 的計算可假設為，在最小輸入電壓下電感電流有 25% 的峰對峰漣波電流：

$$L1 = \frac{V_{in\,min} \cdot D_{max}}{0.25 \cdot V_{in\,min} \cdot f_s}$$

$$= 254\mu H$$

計算的結果可選用 330μH 的標準電感。為了在輸入電壓最小時達到 90% 的效率，電感的功率損耗需限制在總輸出功率的 2-3%。若用 3% 的電感功率損耗，則電感損耗 P_{ind} 為

$$P_{ind} = 0.03 \cdot V_{o\,max} \cdot I_{o\,max}$$

$$= 0.735W$$

假設電感的電阻損耗及磁芯損耗分別為 80% 及 20%，則所選用電感的直流電阻 DCR 需小於

$$\text{DCR} < \frac{0.8 \cdot P_{\text{ind}}}{I_{\text{in max}}^2}$$

$$\Rightarrow \text{DCR} < 0.38\Omega$$

電感的飽和電流 I_{sat} 至少需超過輸入峰值電流 $I_{\text{in max}}$ 20%；否則磁芯損耗會太高。

$$I_{\text{sat}} = 1.2 \cdot I_{\text{in max}} \cdot \left(1 + \frac{0.25}{2}\right)$$

$$= 1.7\text{A}$$

因此，$L1$ 的 330μH 電感需具備約 0.38Ω 的直流電阻，以及大於 1.7A 的飽和電流。

注意：以最大輸入電流 $I_{\text{in max}}$ 等於方均根額定電流來選擇電感也是一種方法，但可能無法達到最低效率的要求。

6.3.7　選擇切換電晶體（$Q1$）

在升壓型轉換電路中，電晶體 $Q1$ 所跨過的最大電壓等於輸出電壓。若用 20% 的過量電壓估算切換突波，則電晶體 $Q1$ 的最小額定電壓需為

$$V_{\text{FET}} = 1.2 \cdot V_{\text{o max}}$$

$$= 84\text{V}$$

通過電晶體 $Q1$ 的均方根電流為

$$I_{\text{FET}} \approx I_{\text{in max}} \cdot \sqrt{D_{\text{max}}}$$

$$= 1.05\text{A}$$

為了得到最好的效率，所選用電晶體 $Q1$ 的額定電流約為電晶體 $Q1$ 均方根電流的三倍，且具有最小的閘極電荷 Q_{g}。額定電流越高則導通損耗越小，即使在接面溫

度很高時（電阻隨溫度增加）仍是如此。而在利用 HV9912 設計電路時，建議所用的閘極電荷應小於 25nC。

在此範例中所選用的切換元件為耐壓 100V、額定電流 4.5A 的 MOS 電晶體，其閘極電荷 Q_g 為 11nC。

6.3.8 選擇切換二極體（$D1$）

二極體的額定電壓與電晶體 $Q1$ 的額定電壓相同（100V），而流過二極體的平均電流相當於最大輸出電流（350mA）。雖然二極體流過的平均電流僅有 350mA，但二極體卻需要在很短的時間內通過全部的輸入電流 $I_{in\ max}$。因此，較佳的設計方法是在最大輸入電流以及平均輸出電流之間選擇二極體的額定電流（最好是接近最大輸入電流）。所以，在此設計中，選用的二極體為耐壓 100V、限流 1A 的蕭特基二極體。

6.3.9 選擇輸出電容（C_o）

輸出電容 C_o（在圖 6.5 中標示為 $C3$）的電容值與 LED 的動態電阻、LED 串路的漣波電流以及 LED 的電流相關。在使用 HV9912 的設計中，較大的輸出電容（漣波電流較小）會有較佳的 PWM 調光效果，而在設計電流所需之濾波電容時，僅考慮二極體電流的基本成份即可。

升壓型轉換器的輸出級模型如圖 6.6，其中，LED 的模型是用定電壓負載以及串聯的動態阻抗所表示。

輸出阻抗（R_{LED} 及 Co 的並聯結合）由二極體電流 I_{diode} 所驅動。穩定態的電容電流波形如圖 6.7 所示；當在關閉時間時，電感儲存的能量轉移至電容對電容充電，而當 MOS 電晶體導通並對電感儲能時，電容對負載放電。

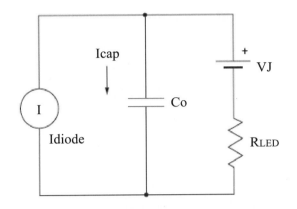

圖 6.6　升壓型轉換器輸出電路的模型

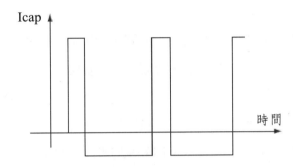

圖 6.7　輸出電容器的充電及放電週期

　　當使用設計參數表上的 10% 峰對峰漣波電流時，LED 串路上跨過的最大漣波電壓為

$$\Delta v_{\text{p-p}} = \Delta I_{\text{o}} \cdot R_{\text{LED}}$$
$$= 0.63\text{V}$$

　　假設開關導通（ON）時的定放電電流為 350mA，則電容 C_{o} 上跨過的電壓公式可寫為

$$I_{\text{o max}} = C_{\text{o}} \cdot \frac{\Delta v_{\text{p-p}}}{D_{\text{max}} \cdot T_{\text{s}}}$$

把數值代入上式，可計算出電容 C_o 的數值

$$C_o = \frac{I_{o\,max} \cdot D_{max}}{\Delta v_{p-p} \cdot f_s}$$

$$= 1.99\mu F$$

通過電容的均方根電流為

$$I_{rms} = \sqrt{D_{max} \cdot I_{o\,max}{}^2 + (1 - D_{max}) \cdot (I_{in\,max} - I_{o\,max})^2}$$

$$= 0.56A$$

在此範例中，可選用兩個電容值 $1\mu F$、耐壓 100V 並聯的金屬聚丙烯電容。

注意：可選用的適當電容類型有金屬薄膜電容或陶瓷電容，因為這兩者皆能乘載高漣波電流。雖然陶瓷電容的尺寸較小，並能承受較大的漣波電流，但因為有壓電效應，故在用 PWM 調光時，會有許多可聽見的音頻噪音出現。此外，大電容值的陶瓷電容通常僅能耐壓至 50V，因此，當 LED 驅動電路需要利用 PWM 調光時，金屬聚丙烯電容（或他類金屬薄膜電容）為理想的選擇。

6.3.10　選擇切斷電晶體（$Q2$）

切斷電晶體 $Q2$ 的額定電壓應與切換電晶體 $Q1$ 相同，此電晶體 $Q2$ 在室溫下的導通電阻 $R_{on,\,25℃}$ 係假設以最大負載電流通過時，電晶體 $Q2$ 有 1% 的功率損失。因此，

$$R_{on,25C} = \frac{0.01 \cdot V_{o\,max}}{I_{o\,max} \cdot 1.4}$$

$$= 1.43\Omega$$

上式中 1.4 的係數是考慮到接面溫度上升時導通電阻會增加。在此範例中，若有需要時電晶體 $Q2$ 可選用具有大閘極電荷 Q_g 的 MOS 電晶體（因為不常切換）。Q_g 大的 MOS 電晶體會減慢導通及關閉時間。在此範例中，選用的電晶體 $Q2$ 為耐壓

100V、導通電阻 0.7Ω 且 Q_g 為 5nC 的 SOT-89。

6.3.11 選擇輸入電容（$C1$ 及 $C2$）

輸入電容 $C1$ 及 $C2$ 的電容值需仔細計算以符合閉迴路的穩定性要求。從電源端至升壓轉換器的連線必定會有一些電阻 R_{source} 以及一些電感 L_{source}，饋入輸入電容（$C1$ 及 $C2$）後會形成 LC 共振電路。為避免與控制迴路相互干擾，共振頻率應低於切換頻率的 40% 或更低。

而要如何決定電感 L_{source} 的數值呢？可利用下面的概念估算，一對美規線徑粗 AWG22、長度一呎（30 公分）的導線會有約 1μH 的電感值，當有需要時，可將電線扭成雙絞線以減少電感。

當使用 200kHz 的切換頻率時，共振頻率應低於 80kHz（200kHz × 40% = 80kHz）。

$$C_{IN} \geq \frac{1}{(2 \cdot \pi \cdot f_{LC})^2 \cdot L_{SOURCE}} = 3.95\mu F$$

故 $C1$ 及 $C2$ 可選用電容值 2.2μF、耐壓 50V 的陶瓷電容。

整流轉換電路在 LC 共振頻率時的阻抗大小為：

$$R_{EQ} = (1 - D_{MAX})^2 \cdot R_{LED}$$
$$R_{EQ} = (1 - 0.717)^2 \cdot 18$$
$$R_{EQ} = 1.4416\Omega$$
$$R_{SOURCE, MAX} = 1.44\Omega$$

6.3.12 選擇計時電阻（R_T）

HV9912 的振盪器 OSC 具有一個由電流鏡充電的 18pF 電容，而外部計時電阻 R_T 可提供該電流鏡的參考電流。當 R_T 接至 0V 時，通過電流並開始計時程序。當充

電到特定電壓時，RS 正反器被設定，電容放電，並再次開始計時程序。計時電阻值可用下式計算

$$\frac{1}{f_s} \approx R_T \cdot 18\text{pF}$$

在此範例中，對於固定的 200kHz 切換頻率而言，求出的計時電阻值為 247kΩ，此計時電阻 R_T 需置於 R_T 腳位以及接地 GND 間，如典型的電路圖所示。

6.3.13　選擇兩個電流檢測電阻（$R1$ 及 $R2$）

輸出電流檢測電阻 $R2$ 的計算是假設其功率消耗不超過 0.15W，所以可使用功率 1/4W 的電阻。在此條件下，

$$R2 = \frac{0.15\text{W}}{I_{o\,\text{max}}^{2}}$$
$$= 1.22\Omega$$

在此範例中，選用的電阻為電阻值 1.24Ω、額定功率 1/4W、精密度 1% 的精密電阻。

MOS 電晶體的電流檢測電阻 $R1$ 的計算是假設在最大輸入電流下，此電阻上的電壓降不超過 250mV。

$$R1 = \frac{0.25}{1.125 \cdot I_{\text{in}\,\text{max}}}$$
$$= 0.18\Omega$$

此電阻的功率消耗為

$$P_{R1} = I_{\text{FET}}^{2} \cdot R1$$
$$= 0.2\text{W}$$

因此，選用的電流檢測電阻 $R1$ 為電阻值 0.18Ω、額定功率 1/2W、精密度 1% 的精密電阻。

6.3.14 選擇電流參考電阻（$R3$ 及 $R4$）

電流參考腳位 IREF 的電壓可利用 REF 腳位的參考電壓來設定（透過分壓電路），或直接利用外部電壓源設定。在此設計範例中，假設 IREF 腳位的電壓係使用接至 REF 腳位的分壓電路來設定。電流參考電阻 $R3$ 及 $R4$ 可用下兩式計算：

$$R3 + R4 = \frac{1.25\mathrm{V}}{50\mu\mathrm{A}} = 25\mathrm{k}\Omega$$

$$\frac{1.25\mathrm{V}}{R3 + R4} \cdot R4 = I_{o\,\max} \cdot R2$$

在此範例中，算出的兩個電阻值為

$$R_{r2} = 8.68\mathrm{k}\Omega, 1/8\mathrm{W}, 1\%$$
$$R_{r1} = 16.32\mathrm{k}\Omega, 1/8\mathrm{W}, 1\%$$

6.3.15 規劃斜率補償電阻（R_{slope} 及 $R7$）

因為升壓型轉換電路的電感設計時是在固定頻率下操作，故需要斜率補償以確保轉換電路的穩定性。加到電流檢測訊號的斜率需為電感電流最大下降斜率的一半，以在所有操作條件下確保峰值電流模式控制的穩定性規劃，而這可藉由選擇兩個適當的斜率補償電阻 R_{slope} 及 $R7$ 而輕易地達成。

在此範例中，電感電流的下降斜率 DS 為

$$DS = \frac{V_{o\,\max} - V_{in\,\min}}{L}$$
$$= 0.145\mathrm{A}/\mu\mathrm{s}$$

接著可用下式計算規劃電阻 R_{slope}

$$R_{\text{slope}} = \frac{10 \cdot R7 \cdot f_{\text{s}}}{DS(A/\mu s) \cdot 10^6 \cdot R1}$$

假設 $R7 = 1\text{k}\Omega$，則

$$R_{\text{slope}} = \frac{10 \cdot 1\text{k} \cdot 200\text{k}}{0.2682 \cdot 10^6 \cdot 0.15}$$
$$= 76.62\text{k}\Omega$$

注意：SC 腳位可輸出的最大電流限制為 $100\mu A$，而這會讓 R_{slope} 電阻的最小值限制為 $25\text{k}\Omega$，若斜率補償公式所求出電阻 R_{slope} 小於此值，$R7$ 會因而增大。因此，建議 R_{slope} 的電阻應在 $25\text{k}\Omega\text{-}50\text{k}\Omega$ 的範圍內。

在此建議下，可將計算值縮小 0.51 倍，最後所用的電阻值為

$$R7 = 510, 1/8\text{W}, 1\%$$
$$R_{\text{slope}} = 39\text{k}, 1/8\text{W}, 1\%$$

6.3.16 設定電感電流上限（$R5$ 及 $R6$）

電感電流上限值與兩個因素相關－最大的電感電流以及加到檢測電流的斜率補償訊號。連到 REF 腳位的另一個電阻分壓器（$R5$ 及 $R6$）可用來設定此電感電流上限值。在 CLIM 腳位上的電壓可用下式計算

$$V_{\text{CLIM}} \geq 1.35 \cdot I_{\text{in max}} \cdot R1 + \frac{4.5 \cdot R7}{R_{\text{slope}}}$$

上式假設電感電流上限約為最大電感電流 $I_{\text{in max}}$ 的 120%，並假設操作的工作週期為 90%（HV9912 的最大值）。

在此範例中，

$$V_{\mathrm{CLIM}} = 1.35 \cdot 1.24 \cdot 0.18 + \frac{4.5 \cdot 510}{39\mathrm{k}}$$
$$= 0.36\mathrm{V}$$

在電路中需要一個分壓器以從 1.25V 的參考電壓得到 0.36V，因為從 REF 腳位而來的最大電流輸出為 50μA，故串聯的 R5 及 R6 兩個電阻值應大於 25kΩ，計算後可得：

$$R5 = 20\mathrm{k}, 1/8\mathrm{W}, 1\%$$
$$R6 = 8.06\mathrm{k}, 1/8\mathrm{W}, 1\%$$

注意：CLIM 腳位最好不要連接任何電容。

6.3.17　VDD 腳位以及 REF 腳位的電容

在 VDD 腳位以及 REF 腳位上最好皆有連接旁路電容。對於 VDD 腳位而言，所用的電容器為 1μF 的晶片陶瓷電容。若在設計中所用的切換 MOS 電晶體具有大閘極電荷（$Q_g > 15\mathrm{nC}$），則 VDD 腳位的旁路電容應增加至 2.2μF。

對於 REF 腳位而言，所用的電容器為 0.1μF 的晶片陶瓷電容。

6.3.18　設定過電壓保護點（R8 及 R9）

過電壓保護點可設定為比穩定態的最大電壓高 15% 以上，若設為 20%，則 LED 開路情況下的最大輸出電壓為

$$V_{\mathrm{open}} = 1.2 \cdot V_{\mathrm{o\,max}}$$
$$= 84\mathrm{V}$$

接著，可計算出用來設定過電壓設定點的電阻值

$$R8 = \frac{(V_{\text{open}} - 5)^2}{0.1}$$
$$= 64\text{k}\Omega$$

若限制電阻的功率消耗，可選用額定功率為 1/8W 的電阻。

$$R9 = \frac{R8}{(V_{\text{open}} - 5)} \cdot 5V$$
$$= 3.95\text{k}\Omega$$

最接近的 1% 精密電阻值為

$$R8 = 68\text{k}, 1/8\text{W}, 1\%$$
$$R9 = 3.9\text{k}, 1/8\text{W}, 1\%$$

注意：因為參考電壓的變動（可參考使用手冊），實際的過電壓保護點可能會有 ±5% 的變化，在此範例中，過電壓保護點可從 80V 變化至 88.2V。

6.3.19　設計補償網路

用來穩定轉換電路的補償網路可能是第 I 型電路（簡單的積分器）或第 II 型電路（多加一對極點零點的積分器），補償網路要用的類型與功率級在交越頻率下的相位移有關。

此電路的閉迴路系統的迴路增益可表示如下：

$$\text{Loop Gain} = R_s \cdot G_m \cdot Z_c(S) \cdot \frac{1}{15} \cdot \frac{1}{R_{cs}} \cdot G_{ps}(s)$$

其中，G_m 為運算放大器的轉導（435μA/V），$Z_c(s)$ 為補償網路的阻抗，而 $G_{ps}(s)$

為功率級的轉移函數。計算時要注意到，雖然給定的電阻比為 1：14，但考慮到二極體壓降後電阻比的整體效應等效為 1：15。

對於處在峰值電流控制模式且操作頻率低於切換頻率十分之一的連續導通模式升壓型轉換電路而言，功率級的轉移函數為

$$G_{ps}(s) = \frac{(1 - D_{max})}{2} \cdot \frac{1 - s \cdot \dfrac{L1}{(1 - D_{max})^2 \cdot R_{LED}}}{1 + S \cdot \dfrac{R_{LED} \cdot C_o}{2}}$$

在本範例中，選用的交越頻率為 $f_c = 0.01*f_s = 2\text{kHz}$。低的交越頻率通常會讓 C_c 及 C_z 的電容值很大，間接導致此電路的啟動速度過慢。但因 HV9912 的 PWM 調光響應與控制電路的速度無關，故此低交越頻率不會對 PWM 調光的上升及下降時間造成不利的影響。功率級的轉移函數 $G_{ps}(s)$ 為

$$G_{ps}(s) = \frac{0.283}{2} \cdot \frac{1 - s \cdot \dfrac{330 \cdot 10^{-6}}{(0.283)^2 \cdot 18}}{1 + s \cdot \dfrac{18 \cdot 2 \cdot 10^{-6}}{2}}$$

$$G_{ps}(s) = 0.1415 \cdot \frac{1 - s \cdot 2.28912 \cdot 10^{-4}}{1 + s \cdot 1.8 \cdot 10^{-5}}$$

把 $s = i \cdot (2\pi \cdot f_c)$ 代入，其中 $f_c = 2\text{kHz}$，故 $s = i \cdot 12566$

$$G_{ps}(s) = 0.1415 \cdot \frac{1 - i \cdot 2.8766}{1 + i \cdot 0.226188}$$

在 $f_c = 2\text{kHz}$ 的頻率下，功率級轉移函數 $G_{ps}(s)$ 的大小及相位為

$$\left| G_{ps}(s) \right| _{fc = 2\text{kHz}} = A_{ps} = 0.40996$$

$$\angle \, G_{ps}(s) \big|_{fc = 2\text{kHz}} = \phi_{ps} = -83.57°$$

為得到約等於 45° 的相位邊限（相位邊限的建議範圍為 45°–60°），此升壓型轉換電路所需的相位為

$$\phi_{boost} = \phi_m - \phi_{ps} - 90°$$
$$= 38.57°$$

依照升壓型電路所需的相位值，可決定補償的類型如下：

$$\phi_{boost} \leq 0° \implies 第 I 型控制電路$$
$$0° \leq \phi_{boost} \leq 90° \implies 第 II 型控制電路$$
$$90° \leq \phi_{boost} \leq 180° \implies 第 III 型控制電路$$

因為以 HV9912 為基礎架構的升壓型 LED 驅動電路通常不需要用到第 III 型補償控制電路作為補償，所以在此並不討論。

HV9912 轉換電路系統所用的第 I 型或第 II 型電路圖如表 6.1 所示。

表 6.1　補償網路

類型	電路圖	轉移函數
I	COMP C_c	$Z_c(s) = \dfrac{1}{sC_c}$
II	COMP C_z R_z C_c	$Z_c(s) = \dfrac{1}{s(C_c + C_z)} \cdot \dfrac{1 + s \cdot R_z \cdot C_z}{1 + s \cdot \dfrac{C_z \cdot C_c}{C_z + C_c} \cdot R_z}$

　　第 I 型控制電路的設計相當簡單－調整電容 C_s 的值以讓迴路增益的大小值在交越頻率時為 1。但在本範例中，需要使用第 II 型控制電路，其設計方程式如下：

$$K = \tan\left(45° + \frac{\phi_{\text{boost}}}{2}\right)$$

$$= 2.007$$

$$\omega_z = \frac{1}{R_z \cdot C_z} = \frac{2 \cdot \pi \cdot f_c}{K}$$

$$= 6050\text{rad}/\text{sec}$$

$$\omega_p = \frac{C_z + C_p}{C_z \cdot C_p \cdot R_z} = (2 \cdot \pi \cdot f_c) \cdot K$$

$$= 26100\text{rad}/\text{sec}$$

藉由讓迴路增益的大小值在交越頻率時為 1，可得到另一個方程式。

$$R_s \cdot G_m \cdot \left(\frac{1}{2 \cdot \pi \cdot f_c \cdot (C_z + C_c)} \cdot \frac{\sqrt{1+K^2}}{\sqrt{1+(1/K)^2}}\right) \cdot \frac{1}{15} \cdot \frac{1}{R_{cs}} \cdot A_{ps} = 1$$

$$C_z + C_c = 10\text{nF}$$

$$C_c = (C_z + C_c) \cdot \frac{\omega_z}{\omega_p}$$

$$= 2.32\text{nF}$$

$$C_z = 7.68\text{nF}$$

$$R_z = \frac{1}{\omega_z \cdot C_z}$$

$$= 21.552\text{k}\Omega$$

可選用如下的標準元件值：

$$C_c = 2.2\text{nF}, 50\text{V}, \text{C0G capacitor}$$

$$C_z = 6.8\text{nF}, 50\text{V}, \text{C0G capacitor}$$

$$R_z = 22.0\text{k}, 1/8\text{V}, 0\% \text{ resistor}$$

6.3.20　輸出箝位電路

連續導通模式升壓型轉換電路可能碰到的一個問題是，當輸出電壓小於兩倍的輸入電壓時（$V_{out} < 2 \times V_{in}$），電感與電容 C_{out} 間會發生電感電容共振。藉由一個連接在 V_{in} 端與 V_{out} 端之間的二極體以把輸出電壓箝位至輸入電壓可避免此共振現象，此二極體即為圖 6.8 中所示的 $D2$。此二極體 $D2$ 可用恢復時間為標準值的二極體，例如 1N4002；此類型的二極體在處理開關導通時衝擊電流的效果較佳。

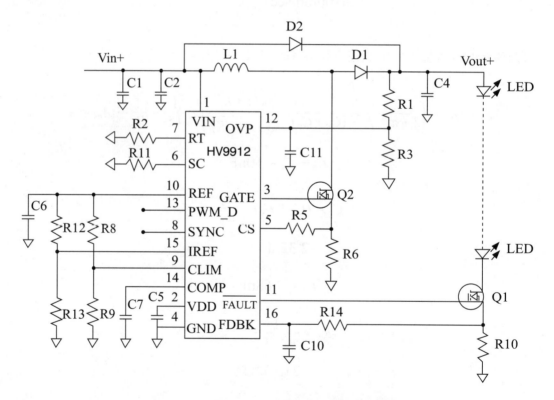

圖 6.8　具有箝位二極體的升壓型轉換電路

到此即完成在連續導通模式下，以 HV9912 為基礎的升壓型轉換電路的設計。

6.4 連續導通模式升壓型 LED 驅動電路設計

在此提醒一下，當輸出電壓超過輸入電壓的 6 倍時，會使用不連續導通模式。

6.4.1 設計規格

輸入電壓範圍 = 9-16V

LED 串路電壓範圍 = 30-70V

（注意，當輸入電壓 9V 而輸出電壓 70V 時，V_o/V_{in} 的比值約為 7.8）

LED 電流 = 100mA

LED 漣波電流 = 10%（10mA）

LED 串路動態阻抗 = 55 歐姆

預期效率 > 85%

6.4.2 典型電路

使用 HV9912 IC 的不連續導通模式升壓型轉換電路的典型電路圖與圖 6.5 顯示的連續導通模式電路圖完全相同，但為討論便利起見，重畫在圖 6.9 中。

6.4.3 選擇切換頻率（f_s）

對低壓（輸出電壓 < 100V）且輸出功率值中等（< 30W）的應用而言，在切換功率損耗以及元件尺寸之間折衷後，f_s = 200kHz 的切換頻率是個很好的結果。當電壓或功率階度更高時，可減低切換頻率以減少外部 MOS 電晶體的切換損失。

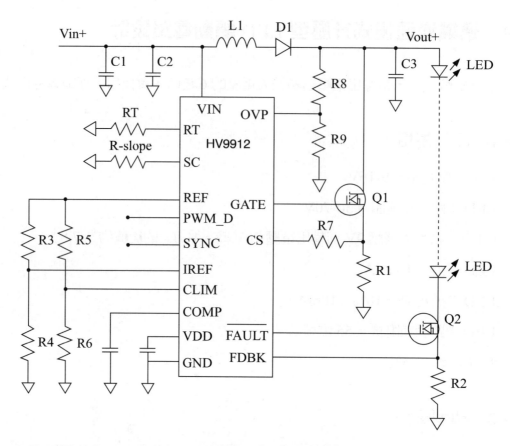

圖 6.9　不連續式升壓型轉換器電路

6.4.4　計算最大電感電流（$I_{\text{in max}}$）

最大輸入電流為

$$I_{\text{in max}} = \frac{V_{\text{o max}} \cdot I_{\text{o max}}}{\eta_{\text{min}} \cdot V_{\text{in min}}}$$

$$= 0.915\text{A}$$

6.4.5　計算輸入電感值（$L1$）

當輸入電壓最低時（$V_{\text{in min}}$），假設開關的導通時間 Ton_sw 以及二極體的導通時

間 Ton_diode 佔總切換時間週期 Ts 的 95%，則

$$L1 \cdot i_{\text{Lpk}} \cdot \left(\frac{1}{V_{\text{in min}}} + \frac{1}{V_{\text{o max}} - V_{\text{in min}}} \right) = \frac{0.95}{f_s}$$
$$= 4.75 \mu s$$

其中，i_{Lpk} 為輸入峰值電流（參考圖 6.10）。

輸入電壓 V_{in} 除電感 $L1$ 的比值 $V_{\text{in}}/L1$ 會控制電流增加的速率，而上升週期由 MOS 電晶體的導通時間所決定，該導通時間為工作週期乘上切換週期。下降速率由 $(V_{\text{o}} - V_{\text{in}})/L1$ 所控制，而下降週期則是二極體的導通時間。

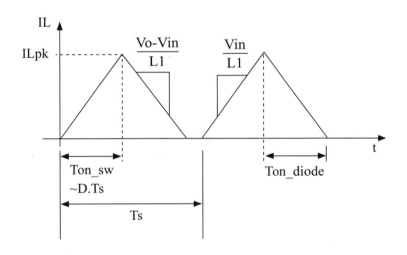

圖 6.10　不連續導通模式的電感電流波形

輸入電壓最低時的平均輸入電流（輸入電壓最低，故輸入電流最大，為 $I_{\text{in max}}$）等於平均電感電流，可由下式計算，而因電感電流波形為三角，故在公式中乘上 1/2 的係數

$$I_{\text{in max}} = \frac{1}{2} \cdot i_{\text{Lpk}} \cdot \frac{4.75 \mu s}{5 \mu s}$$
$$= 0.475 \cdot i_{\text{Lpk}}$$

移項後可得到輸入峰值電流為

$$i_{\mathrm{Lpk}} = \frac{I_{\mathrm{in\,max}}}{0.475}$$

$$\approx 1.93\mathrm{A}$$

把上式的 i_{Lpk} 代入電感 $L1$ 的公式中

$$L1 = \frac{0.95}{200\mathrm{k}} \cdot \frac{9\mathrm{V} \cdot (70\mathrm{V} - 9\mathrm{V})}{70\mathrm{V} \cdot 1.93\mathrm{A}}$$

$$= 19.3\mathrm{\mu H}$$

注意，上式求出的 $L1$ 值為電感的最大上限，假設選用的電感有 ±20% 的誤差，則額定電感值為

$$L1_{\mathrm{nom}} = \frac{L1}{1.2}$$

$$= 16.08\mathrm{\mu H}$$

最接近的標準電感值為 $15\mathrm{\mu H}$。

通過電感的方均根電流可由下式求出，其中分母的係數 3 為三角波形所需乘上的分均根係數，分子的係數 0.9 為開關的導通時間 Ton_sw 以及二極體的導通時間 Ton_diode 佔總切換時間週期 Ts 的約略比例。

$$I_{\mathrm{L\,rms}} = i_{\mathrm{Lpk}} \cdot \sqrt{\frac{0.9}{3}}$$

$$= 1.057\mathrm{A}$$

在此種應用中，自製電感（19.3μH）的電感通量擺動較大，工作效率較佳。但若選用標準值的電感（15μH，誤差 ±20%），則電感的額定飽和電流至少需為計算出峰值電流的 1.5 倍，以免電感的磁芯損耗超過可接受的範圍。

在此範例中，電感 L1 可選用電感值 15μH 的標準電感，方均根電流的額定值為 1.4A，飽和電流的額定值為 3A。

6.4.6 計算轉換電路的導通和關閉時間

開關的導通時間可用下式計算為

$$t_{\text{on\_sw}} = \frac{L1_{\text{nom}} \cdot i_{\text{Lpk}}}{V_{\text{in min}}}$$
$$= 3.22\mu s$$

二極體的導通時間則為

$$t_{\text{on\_diode}} = \frac{L1_{\text{nom}} \cdot i_{\text{Lpk}}}{V_{\text{omin}} - V_{\text{in min}}}$$
$$= 467\text{ns}$$

接著，可求出最大工作週期

$$D_{\text{max}} = t_{\text{on\_sw}} \cdot f_{\text{s}}$$
$$= 0.644$$

二極體導通時間比可表示為

$$D1 = t_{\text{on\_diode}} \cdot f_{\text{s}}$$
$$= 0.0934$$

6.4.7 選擇切換電晶體（$Q1$）

在升壓型轉換電路中，電晶體 $Q1$ 所跨過的最大電壓等於輸出電壓。若用 20% 的過量電壓估算切換突波，則電晶體 $Q1$ 的最小額定電壓需為

$$V_{\text{FET}} = 1.2 \cdot V_{\text{o max}}$$
$$= 84\text{V}$$

通過切換電晶體 $Q1$ 的均方根電流為

$$I_{\text{FET}} \approx i_{\text{Lpk}} \cdot \sqrt{\frac{D_{\text{max}}}{3}}$$
$$= 0.895\text{A}$$

為了得到最好的效率，所選用電晶體 $Q1$ 的額定電流約為電晶體 $Q1$ 均方根電流的三倍，且具有最小的閘極電荷 Q_{g}。在利用 HV9912 設計電路時，建議所選用的閘極電荷應小於 25nC。

在此範例中所選用的切換元件為耐壓 100V，額定電流 4.5A 的 MOS 電晶體，其閘極電荷 Q_{g} 為 11nC。

6.4.8　選擇切換二極體（$D1$）

二極體的額定電壓與 MOS 電晶體 $Q1$ 的額定電壓相同（100V），而流過二極體的平均電流相當於最大輸出電流（350mA）。雖然二極體流過的平均電流僅有 350mA，但通過二極體的峰值電流相當於 i_{Lpk}。因此，較佳的設計方法是在輸入峰值電流以及平均輸出電流之間選擇二極體的額定電流（最好是接近輸入峰值電流）。所以，在此設計中，選用的二極體為耐壓 100V，限流 2A 的蕭特基二極體。

6.4.9　選擇輸出電容（C_{o}）

輸出電容 C_{o}（在圖 6.9 中標示為 $C3$）的電容值與 LED 串路的動態電阻以及 LED 串路的漣波電流相關。在使用 HV9912 的設計中，較大的輸出電容（漣波電流較小）會有較佳的 PWM 調光效果，而在設計電流所需之濾波電容時，僅考慮二極體電流的基本成份即可。

升壓型轉換器的輸出級模型如圖 6.11，其中，LED 的模型是用定電壓負載以

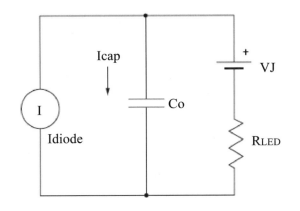

圖 6.11　升壓型轉換器輸出電路的模型

及串聯的動態阻抗所表示。

穩定態的電容電流波形如圖 6.12 所示。

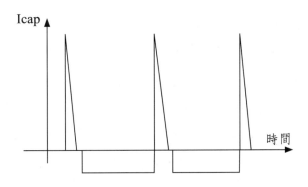

圖 6.12　輸出電容的電流波形

當使用設計參數表上的 10% 峰對峰漣波電流時，LED 串路上跨過的最大漣波電壓為

$$\Delta v_{\text{p-p}} = \Delta I_{\text{o}} \cdot R_{\text{LED}}$$
$$= 0.55\text{V}$$

假設當二極體電流為零時的定放電電流為 350mA，則電容上跨過的電壓公式可寫為

$$I_{o\,\text{max}} = C_o \cdot \frac{\Delta v_{\text{p-p}}}{D_{\text{max}} \cdot T_s}$$

把數值代入上式,可計算出 C_o 的數值

$$C_o = \frac{I_{o\,\text{max}} \cdot D_{\text{max}}}{\Delta v_{\text{p-p}} \cdot f_s}$$

$$= 0.585\mu\text{F}$$

通過電容的均方根電流為

$$I_{\text{rms}} = \sqrt{(1 - D1) \cdot I_{o\,\text{max}}^2 + \frac{D1}{3} \cdot (i_{\text{Lpk}} - I_{o\,\text{max}})^2}$$

$$= 0.34\text{A}$$

在此範例中,可選用兩個電容值 $1\mu\text{F}$、耐壓 100V 並聯的金屬聚丙烯電容。

注意:可選用的適當電容類型有金屬薄膜電容或陶瓷電容,因為這兩者皆能乘載高漣波電流。雖然陶瓷電容的尺寸較小,並能承受較大的漣波電流,但用 PWM 調光時,會有許多可聽見的雜音出現。此外,大電容值的陶瓷電容通常僅能耐壓至 50V,因此,當 LED 驅動電路需要利用 PWM 調光時,金屬聚丙烯電容或他類金屬薄膜電容為理想的選擇。

6.4.10 選擇切斷電晶體($Q2$)

切斷電晶體 $Q2$ 的額定電壓應與切換電晶體 $Q1$ 相同,此電晶體 $Q2$ 在室溫下的導通電阻 $R_{\text{on, 25℃}}$ 係假設以最大負載電流通過時,$Q2$ 有 1% 的功率損失來計算的。因此,

$$R_{\text{on,25C}} = \frac{0.01 \cdot V_{o\,\text{max}}}{I_{o\,\text{max}} \cdot 1.4}$$

$$= 5\Omega$$

上式中 1.4 的係數是考慮到接面溫度上升時導通電阻會增加。在此範例中，若有需要時 $Q2$ 可選用具有大閘極電荷 Q_g 的 MOS 電晶體（因為不常切換），但 Q_g 大的 MOS 電晶體會減慢導通及關閉時間（不過，這也許是可被接受，依 PWM 調光頻率而定）。在此範例中，選用的 MOS 電晶體 $Q2$ 為耐壓 100V、導通電阻 0.7Ω 且 Q_g 為 2.9nC 的 SOT-23。

6.4.11 選擇輸入電容（$C1$ 及 $C2$）

輸入電容 $C1$ 及 $C2$ 的電容值需仔細計算以符合閉迴路的穩定性要求。從電源端至升壓轉換器的連線必定會有一些電阻 R_{source} 以及一些電感 L_{source}，饋入輸入電容 $C1$ 及 $C2$ 後會形成 LC 共振電路。為避免與控制迴路相互干擾，共振頻率應低於切換頻率的 40% 或更低。

一對美規線徑粗 22 AWG、長度一呎（30 公分）的導線會有約 1μH 的電感值，當有需要時，可將電線扭成雙絞線以減少電感。

當使用 200kHz 的切換頻率時，共振頻率應低於 80kHz。

$$C_{IN} \geq \frac{1}{(2 \cdot \pi \cdot f_{LC})^2 \cdot L_{SOURCE}} = 3.95\mu F$$

故輸入電容 $C1$ 及 $C2$ 可選用電容值 2.2μF、耐壓 50V 的陶瓷電容。

從電源端看入的最大電源阻抗為

$$M = \frac{V_{O,MAX}}{V_{IN,MIN}} = \frac{70}{9} = 7.778$$

$$R_{SOURCE,MAX} = \frac{M-1}{M^2 \cdot (M-2)} \cdot R_{LED} = 1.404\Omega$$

6.4.12 選擇計時電阻（R_T）

HV9912 的振盪器 OSC 具有一個由電流鏡充電的 18pF 電容，而外部計時電阻

R_T 可提供該電流鏡的參考電流。當計時電阻 R_T 接至 0V 時，通過電流並開始計時程序。當充電到特定電壓時，RS 正反器被設定，電容放電，並再次開始計時程序。計時電阻 R_T 可用下式計算

$$\frac{1}{f_s} \approx R_T \cdot 18pF$$

在此範例中，對於固定的 200kHz 切換頻率 f_s 而言，求出的計時電阻值為 274kΩ，此計時電阻 R_T 需置於 R_T 腳位以及接地 GND 間，如典型的電路圖所示。

6.4.13 選擇兩個電流檢測電阻（$R1$ 及 $R2$）

輸出電流檢測電阻 $R2$ 的計算是假設其電壓降低於 0.4V，在此規則下，

$$R2 = \frac{0.4V}{I_{o\,max}}$$
$$= 4\Omega$$

可進一步算出 $R2$ 的功率消耗為 $0.4V*I_{o\,max} = 0.04W$，在此範例中，選用的電阻 $R2$ 為電阻值 3.9Ω、額定功率 1/8W、精密度 1% 的精密電阻。

MOS 電晶體的電流檢測電阻 $R1$ 的計算是假設在最大輸入電流下，此電阻上的電壓降不超過 250mV。

$$R1 = \frac{0.25}{i_{Lpk}}$$
$$= 0.12\Omega$$

此電阻的功率消耗為

$$P_{R1} = I_{FET}^2 \cdot R1$$
$$= 0.096W$$

因此，選用的電流檢測電阻 $R1$ 為電阻值 0.12Ω、額定功率 1/4W、精密度 1% 的精密電阻。

6.4.14 選擇電流參考電阻（$R3$ 及 $R4$）

電流參考腳位 IREF 的電壓可利用 REF 腳位的參考電壓來設定（透過分壓電路），或直接利用外部電壓源設定。在此設計範例中，假設 IREF 腳位的電壓係使用接至 REF 腳位的分壓電路來設定。電流參考電阻 $R3$ 及 $R4$ 可用下兩式計算：

$$R3 + R4 = \frac{1.25\text{V}}{50\mu\text{A}} \leq 25\text{k}\Omega$$

$$\frac{1.25\text{V}}{R3 + R4} \cdot R4 = I_{\text{o max}} \cdot R2 = 0.1 \cdot 3.9 = 0.39\text{V}$$

在此範例中，算出的兩個電阻值為

$$R3 = 19.1\text{k}\Omega,\ 1/8\text{W},\ 1\%$$
$$R4 = 8.66\text{k}\Omega,\ 1/8\text{W},\ 1\%$$

6.4.15 設定電感電流上限（$R5$ 及 $R6$）

電感電流上限值與兩個因素相關－最大的電感電流以及加到檢測電流的斜率補償訊號。從 REF 腳位連接到 CLIM 腳位的另一個電阻分壓器（$R5$ 及 $R6$）可用來設定此最大電感電流值。在 CLIM 腳位上的電壓可用下式計算

$$V_{\text{CLIM}} \geq 1.2 \cdot i_{\text{Ipk}} \cdot R1$$

上式假設電感電流上限約為最大電感電流 $I_{\text{in max}}$ 的 120%。

在本範例中，CLIM 腳位上的電壓 V_{CLIM} 為

$$V_{\text{CLIM}} = 1.2 \cdot 1.93 \cdot 0.12$$
$$\geq 0.278\text{V}$$

因為從 REF 腳位而來的最大電流輸出為 50μA，可算出 $R5$ 及 $R6$ 兩個電阻

$$R5 = 20\text{k}, 1/8\text{W}, 1\%$$
$$R6 = 6.04\text{k}, 1/8, 1\%$$

在 CLIM 腳位上最好不要連接電容，否則會影響電路的啟動時間。

6.4.16 VDD 腳位以及 REF 腳位的電容

在 VDD 腳位以及 REF 腳位上最好皆有連接旁路電容。對於 VDD 腳位而言，所用的電容器應為耐壓 10V 的晶片陶瓷電容，而在低功率的應用中，適當的電容值為 1μF。若在設計中所用的切換 MOS 電晶體具有大閘極電荷（$Q_g > 15\text{nC}$），則 VDD 腳位的旁路電容應增加至 2.2μF。

對於 REF 腳位而言，所用的電容器為 0.1μF 的晶片陶瓷電容。

6.4.17 設定過電壓保護點（$R8$ 及 $R9$）

過電壓保護點可設定為比穩定態的最大電壓高 15% 以上，若使用 15% 的下限，LED 開路情況下的最大輸出電壓為

$$V_{\text{open}} = 1.15 \cdot V_{\text{o max}}$$
$$= 80.5\text{V}$$

接著，可計算出用來設定過電壓設定點的電阻 $R8$ 為

$$R8 = \frac{(V_{\text{open}} - 5)^2}{0.1}$$
$$= 57\text{k}\Omega$$

若限制過電阻 $R8$ 上面的功率消耗，則可選用額定功率為 1/8W 的電阻。此外，電阻 $R9$ 為

$$R9 = \frac{R8}{(V_{\text{open}} - 5)} \cdot 1.25\text{V}$$

$$= 3.77\text{k}\Omega$$

最接近的 1% 精密電阻值為

$$R8 = 56.2\text{k}, 1/8\text{W}, 1\%$$
$$R9 = 3.74\text{k}, 1/8\text{W}, 1\%$$

注意：因為參考電壓的變動（可參考使用手冊），實際的過電壓保護點可能會有 $\pm 5\%$ 的變化，在此範例中，過電壓保護點可從 76.67V 變化至 84.52V。

6.4.18 設計補償網路

用來穩定轉換電路的補償網路可能是第 I 型電路（簡單的積分器）或第 II 型電路（多加一對極點零點的積分器），補償網路要用的類型與功率級在交越頻率下的相位移有關。

此電路的閉迴路系統的迴路增益可表示如下：

$$\text{Loop Gain} = R_{\text{s}} \cdot G_{\text{m}} \cdot Z_{\text{c}}(s) \cdot \frac{1}{15} \cdot \frac{1}{R_{\text{cs}}} \cdot G_{\text{ps}}(s)$$

其中，G_{m} 為運算放大器的轉導（435μA/V），$Z_{\text{c}}(s)$ 為補償網路的阻抗，而 $G_{\text{ps}}(s)$ 為功率級的轉移函數。計算時要注意到，雖然給定的電阻比為 1：14，但考慮到二極體壓降後電阻比的整體效應等效為 1：15。

為計算不連續導通模式升壓型轉換電路在峰值電流控制模式下的轉移函數，需要定義幾項參數

$$M = \frac{V_{o\,max} \cdot I_{o\,max}}{V_{o\,max} \cdot I_{o\,max} - 0.5 \cdot Ll_{nom} \cdot i_{Lpk^2} \cdot f_s}$$

$$M = \frac{70 \cdot 0.1}{70 \cdot 0.1 - 0.5 \cdot 15 \cdot 10^{-6} \cdot 1.93^2 \cdot 200 \cdot 10^3}$$

$$M = \frac{7}{1.41265} = 4.9552$$

$$G_R = \frac{M-1}{2 \cdot M - 1} = \frac{3.95522}{8.9104} = 0.4439$$

當操作頻率低於切換頻率的十分之一時,功率級的轉移函數 $G_{ps}(s)$ 為:

$$G_{ps}(s) = 2 \cdot \frac{I_{o\,max}}{i_{Lpk}} \cdot \frac{G_R}{1 + s \cdot R_{LED} \cdot C_o \cdot G_R}$$

$$G_{ps}(s) = 2 \cdot \frac{0.1}{1.93} \cdot \frac{0.4439}{1 + s \cdot 55 \cdot 2 \cdot 10^{-6} \cdot 0.4439} = \frac{0.4439}{1 + s \cdot 48.829 \cdot 10^{-6}}$$

在本範例中,選用的交越頻率 f_c 約為 $0.01*f_s$,或 $f_c = 2\text{kHz}$。低的交越頻率通常會讓 C_c 及 C_z 的電容值很大,間接導致此電路的啟動速度過慢。但因 HV9912 的 PWM 調光響應與控制電路的速度無關,故此低交越頻率不會對 PWM 調光的上升及下降時間造成不利的影響。把 $s = i \cdot (2\pi \cdot f_c) = i \cdot 12566$ 代入轉移函數,可得

$$G_{ps}(s) = \frac{0.046}{1 + s \cdot 0.6136}$$

故功率級轉移函數的大小及相位為

$$\left| G_{ps}(s) \right|_{fc\,=\,2\text{kHz}} = A_{ps} = 0.039$$

$$\angle\, G_{ps}(s) \big|_{fc\,=\,2\text{kHz}} = \phi_{ps} = -31.5°$$

為得到約等於 45° 的相位邊限(相位邊限的建議範圍為 45°–60°),此升壓型轉換電路所需的相位為

$$\phi_{boost} = \phi_m - \phi_{ps} - 90°$$
$$= 45° + 31.5° - 90°$$
$$= -13.5°$$

依照升壓型電路所需的相位值,可決定補償的類型如下:

$$\phi_{boost} \leq 0° \implies 第 I 型控制電路$$
$$0° \leq \phi_{boost} \leq 90° \implies 第 II 型控制電路$$
$$90° \leq \phi_{boost} \leq 180° \implies 第 III 型控制電路$$

因為以 HV9912 為基礎架構的升壓型 LED 驅動電路通常不需要用到第 III 型補償控制電路作為補償,所以在此並不討論。HV9912 轉換電路系統所用的第 I 型或第 II 型電路圖如表 6.2 所示。

表 6.2　補償網路

類型	電路圖	轉移函數
I	COMP C_c	$Z_c(s) = \dfrac{1}{sC_c}$
II	COMP C_z R_z C_c	$Z_c(s) = \dfrac{1}{s(C_c+C_z)} \cdot \dfrac{1+s \cdot R_z \cdot C_z}{1+s \cdot \dfrac{C_z \cdot C_c}{C_z+C_c} \cdot R_z}$

在本範例中,使用一個簡單的第 I 型控制電路已經足夠,所需做的僅是把迴路增益在交越頻率下的增益值調整為 1。

藉由讓迴路增益的大小值在交越頻率時為 1，可得到另一個方程式。

$$R2 \cdot G_\mathrm{m} \cdot \left(\frac{1}{2 \cdot \pi \cdot f_\mathrm{c} \cdot C_\mathrm{c}} \right) \cdot \frac{1}{15} \cdot \frac{1}{R1} \cdot A_\mathrm{ps} = 1$$

移項後可得補償電容 C_C 的大小

$$C_\mathrm{C} = R2 \cdot G_\mathrm{m} \cdot \left(\frac{1}{2 \cdot \pi \cdot f_\mathrm{c}} \right) \cdot \frac{1}{15} \cdot \frac{1}{R1} \cdot A_\mathrm{ps}$$

$$C_\mathrm{C} = 3.9 \cdot 435 \cdot 10^{-6} \cdot \left(\frac{1}{12566} \right) \cdot \frac{1}{15} \cdot \frac{1}{0.12} \cdot 0.039 = 2.92\,\mathrm{nF}$$

所以，補償電容 C_C 可選用電容值 3.3nF、耐壓 50V 的 C0G 電容。

到此即完成不連續導通模式 DCM 升壓型轉換電路的設計。

6.5　常見錯誤

1. 最常見的錯誤是在輸出端沒有適當的過電壓保護裝置。當 LED 在電路運作時斷路，輸出電壓會升高到元件燒毀為止。所以，升壓型轉換電路輸出端的過電壓保護上限應低於任何連接到輸出端之元件的崩潰電壓。

2. 另一種常見錯誤是用比預定數量還少的 LED 串路測試電路，因為順向電壓降可能會低於供應電壓。在這種情況中，很難避免 LED 被通過的大電流破壞。

6.6　結論

升壓型轉換電路是用在輸出電壓的最低值至少為輸入電壓的 1.5 倍時。當輸出電壓不超過輸入電壓的 6 倍時，應使用連續導通模式；若輸出電壓超過輸入電壓的 6 倍，則應使用不連續導通模式。而在相同的功率輸出下，不連續導通模式升壓型轉換電路所產生的電磁干擾高於連續導通模式升壓型轉換電路。

第七章
升降壓兩用型轉換電路
Boost-Buck Converter

升降壓兩用型轉換電路是一種僅包含單一個切換開關的轉換電路,由升壓轉換電路串接著降壓轉換電路所組成,典型的升降壓型轉換電路的電路圖(用在 LED 驅動電路時)如圖 7.1 所示。

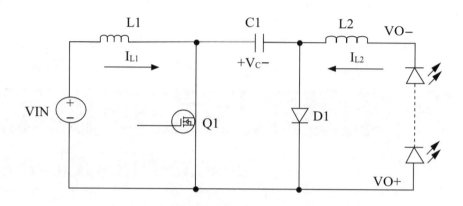

圖 7.1　升降壓型轉換電路圖(Cuk 型)

這種轉換電路有很多的優點:

- 可將輸入電壓升壓或降壓。因此,非常適合用在電路運作時,輸出的 LED 串路電壓可能會超過或低於輸入電壓的情況中。在汽車電子的應用或消費者希望使用單一種驅動電路設計涵蓋各種供應電壓和負載條件時,可能會常發生這種情況。

- 在輸入和輸出兩側皆有電感。當升壓級和降壓級均以連續導通模式操作時,通過兩側電感的連續電流會讓漣波電流很低,可大幅降低輸入和輸出兩側對濾波電容的要求。連續的輸入電流亦有助於讓輸入端符合電磁干擾防制的標準。

- 電路中切換元件的端點處在兩個電感之間,因而被隔離。所以輸入端和輸出端的雜訊很低,可減少轉換電路的電磁輻射,再加上適當的電路設計及佈局,可輕易的符合電磁干擾防制的標準。

- 升降壓轉換電路的一項優點是用電容 C1 隔離。切換電晶體 Q1 故障會讓輸入端短路但不影響輸出端,因此,MOS 電晶體 Q1 故障時 LED 仍有保護。

- 兩個電感 L1 和 L2 可用一個磁芯耦合在一起。當用單一磁芯耦合時,從其中一側而來的電感漣波電流可完全轉移至另外一側(漣波消除技術),因此可讓輸入側的漣波電流完全轉移至輸出側,可讓轉換電路非常容易地符合電磁干擾防制的標準。

7.1　Cuk 升降壓型轉換電路

Cuk 轉換電路的優點很多，但有幾項明顯的缺點讓其用途受限。

* Cuk 轉換電路不易穩定，通常需要複雜的補償網路讓轉換電路能正常的運作，不過補償網路會讓轉換電路的響應變慢，影響轉換電路的 PWM 脈寬調光能力，而此能力對 LED 電路而言非常重要。

* 由輸出電流控制的升降壓型轉換電路容易因電感電容對（L1 和 C1）產生不受控制且無阻尼衰減的共振，L1 和 C1 的共振會讓電容上的電壓高，可能會讓電路受損。

把 R-C 阻尼電路跨在電容 C1 上即可在 L1 和 C1 共振電路中加入阻尼，但讓電路穩定的補償問題則相當複雜。Supertex HV9930 藉由遲滯電流模式控制電路解決補償的問題並獲得快速的脈寬調光響應，藉著使用快速比較器設定至電壓上限或電壓下限以控制 MOS 電晶體的閘極可得到快速的響應並獲得準確的電流大小。然而，簡單的遲滯電流模式控制電路無法正確動作，因為轉換電路無法啟動。為克服此問題，HV9930 具有兩個遲滯電流模式控制器－一個控制輸入電流，而另一個則控制輸出電流。

在電路啟動時，輸入遲滯控制器取得主控權，此時轉換電路在輸入電流限制模式。MOS 電晶體導通，輸入電流增加直到達輸入電流上限為止；接著 MOS 電晶體關閉，輸入電流下降直到達輸入電流下限為止。此循環會持續到輸出電流達需要的大小為止，然後由輸出遲滯控制器取得主控權，把輸出電流維持在預設的輸出電流上下限之間。與峰值電流模式控制器不同的是，遲滯控制的輸入及輸出電壓條件可以變動很大，還能確保平均輸出電流維持在定值。

遲滯法亦有助於限制啟動時的輸入電流（可藉此提供軟啟動能力）；在輸出過載或輸入電壓不足時也可限制輸入電流。對最簡單的遲滯控制器設計來說，兩個遲滯控制器皆需要用三個電阻設定漣波電流和平均電流，故由六個電阻可決定輸入和輸出的特性。

本節將詳細地討論升降壓型轉換電路的操作，以及利用 HV9930 為基礎的轉換電路設計。本設計範例的規格是用在汽車電子方面，但亦可應用在任何的直流對直流電壓轉換的應用中。本書完成之時，只有另一個元件的功能與 HV9930 相同，

也就是 AT9933。AT9933 可符合汽車電子的溫度規範（操作溫度高達 125℃），而 HV9930 只能達工業級的範圍。

7.1.1 Cuk 升降壓型轉換電路的操作原理

Cuk 升降壓型轉換電路的電路圖如前面的圖 7.1 所示。

穩態時，電感 $L1$ 和 $L2$ 上的平均壓降為零，因此，中間電容 $C1$ 上的電壓 V_c 相當於輸入電壓 V_{in} 加輸出電壓 V_o。

$$V_c = V_{in} + V_o$$

當切換電晶體 $Q1$ 導通時，兩個電感上的電流開始往上漸增（參考圖 7.2）。

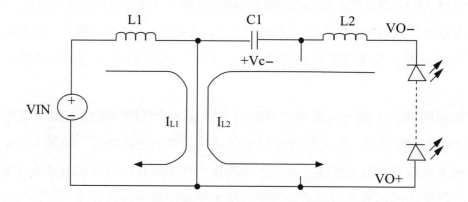

圖 7.2 電晶體 $Q1$ 導通時的 Cuk 電路圖

兩個電感 $L1$ 和 $L2$ 上面的電壓電流關係可表示為

$$L_1 \frac{\mathrm{d}i_{L1}}{\mathrm{d}t} = V_{in}$$

$$L_2 \frac{\mathrm{d}i_{L2}}{\mathrm{d}t} = V_c - V_o = V_{in}$$

當切換電晶體 $Q1$ 關閉時，兩個電感上的電流開始往下漸減（參考圖 7.3）。

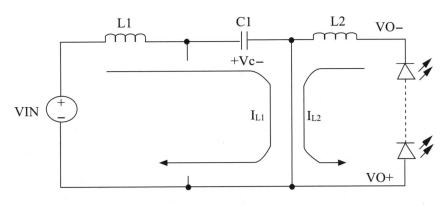

圖 7.3　電晶體 $Q1$ 關閉時的 Cuk 電路圖

兩個電感 $L1$ 和 $L2$ 上面的電壓電流關係則變為

$$L_1 \frac{\mathrm{d}i_{L1}}{\mathrm{d}t} = V_{\mathrm{in}} - V_{\mathrm{c}} = -V_{\mathrm{o}}$$

$$L_2 \frac{\mathrm{d}i_{L2}}{\mathrm{d}t} = -V_{\mathrm{o}}$$

假設切換開關導通時的工作週期為 D，並利用在穩態時電感上總伏秒為零的伏秒定理，可得

$$V_{\mathrm{in}} \cdot (D) = V_{\mathrm{o}} \cdot (1 - D)$$

$$\Rightarrow \frac{V_{\mathrm{o}}}{V_{\mathrm{in}}} = \frac{D}{1 - D}$$

因此，升降壓兩用型轉換電路的電壓轉移函數在 $D < 0.5$ 時為降壓型操作，而在 $D > 0.5$ 時則為升壓型操作。轉換電路的穩態波型如圖 7.4 所示。

電晶體 $Q1$ 和二極體 $D1$ 所看到的最大電壓等於電容 $C1$ 上的電壓。

$$V_{\mathrm{Q1}} = V_{\mathrm{D1}} = V_{\mathrm{C}}$$

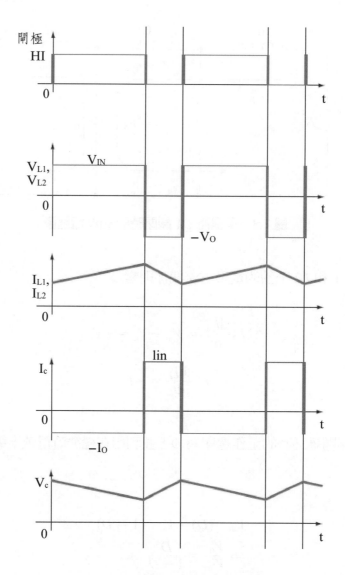

圖 7.4　Cuk 轉換電路的穩態波型

　　為了讓 HV9930 能正常的運作，可加入三個額外的零件修正標準的升降壓兩用型轉換電路（參考圖 7.5）。

　　首先加上阻尼電路 R_d-C_d 以讓 $L1$-$C1$ 電感電容對有阻尼，所以這兩個額外的零件可讓電路穩定。

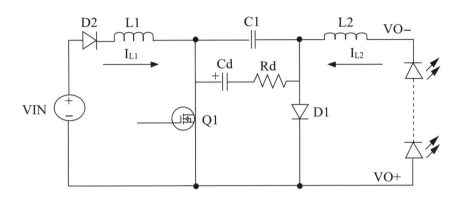

圖 7.5　修正的升降壓型轉換電路

　　另外可加上輸入二極體 D2，在脈寬調光的應用中，需要用到此二極體；而在汽車電子的應用中，此二極體可能是逆向保護二極體。當電晶體 Q1 的閘極訊號關閉時，此二極體可避免電容 C1 及 C_d 放電。因此，當 HV9930 致能時，可迅速的達到穩態輸出電流階度。

7.1.2　升降壓型轉換電路的遲滯控制

　　升降壓轉換電路的遲滯控制可參考控制計劃，此計劃內的控制變數維持在預設的上限值和下限值之間，在本範例中，控制變數為電感電流 i_{L2}。如前面的圖 7.4 所示，當開關導通 ON 時，電感電流以 $V_{in}/L2$ 的斜率上升，而當開關關閉 OFF 時，電感電流以 $-V_o/L2$ 的斜率下降。因此，當電感電流達到上限時，遲滯控制計劃會把開關關閉 OFF，而當電感電流抵達下限時，則把開關打開 ON。

　　電感 L2 的平均電流為上下限臨界值的平均值。導通時間和關閉時間（以及切換頻率）會隨著輸入電壓和輸出電壓改變，以維持電感電流的階度。但在遲滯控制的實際應用中，會受到比較器延遲的影響。如圖 7.6 所示，當電感電流達到預設的上限或下限時，開關不會立即地關閉或導通。

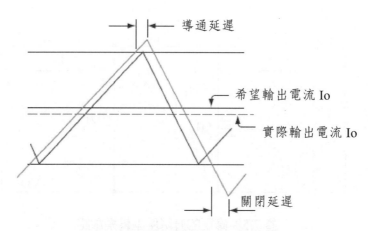

圖 7.6　輸出電感 *L*2 的電流

7.1.3　遲滯控制的延遲效應

遲滯控制的延遲時間會產生兩項意料之外的影響：

● 改變輸出電流的平均值。舉例來說，當電感電流的下降波形的延遲大於上升波形的
延遲時，平均電流會變小。

● 降低切換頻率。因而會較難達成轉換電路的電磁干擾防治要求。

所以在選擇輸出電感和設定電流上下限時，必須考慮到上述的影響。

假設峰對峰的輸出電流漣波為 Δi_o（使用預設的輸出電阻時），而所希望得到的平
均電流為 I_o。只要輸出電壓固定，則遲滯電流控制升降壓型轉換電路相當於定關閉時
間轉換電路，而且關閉時間理論上來說與輸入電壓無關。因此，可先假設定關閉時間
T_{off}（後面會討論決定關閉時間的方法），再設計轉換電路。

對 HV9930 而言，只要切換頻率小於 150kHz，延遲時間的影響小至可忽略，此
時輸出電感 *L*2 可用下式決定

$$L_2 = \frac{V_o \cdot T_{\text{off}}}{\Delta i_o}$$

若選用的電感值與上式計算出的數值明顯不同時，可用上式移項後重新計算出實
際的關閉時間 $T_{\text{off, ac}}$。

　　然而，在汽車電子的應用中，轉換器的切換頻率最好設定在低於 150kHz，或設定在 300kHz 至 530kHz 之間的範圍內，這可讓導通電流和電磁輻射的基頻落在限制的頻段外，以讓轉換電路可輕易地通過汽車電子的電磁干擾防治規範。當切換頻率超過 300kHz 時，切換週期變短，延遲時間無法忽略，需納入計算中。圖 7.7 顯示輸出電感電流波形以及各種的上升和下降時間。

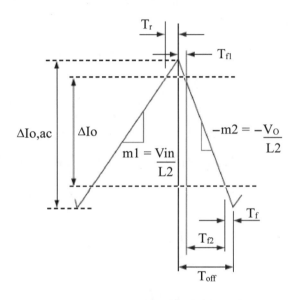

圖 7.7　加上比較器延遲的遲滯控制計劃

由圖 7.7 中可得，

$$T_{\text{off}} = T_{\text{f1}} + T_{\text{f2}} + T_{\text{f}}$$
$$= \frac{V_{\text{in}}}{V_{\text{o}}} \cdot T_{\text{r}} + T_{\text{f2}} + T_{\text{f}}$$

　　輸出電流漣波 Δi_{o} 以及電感電流的下降斜率 m_2 可決定 T_{f2}，而 HV9930 的延遲時間可決定 T_{r} 及 T_{f}。對 HV9930 來說，比較器的延遲時間與過激電壓（電流檢測比較器兩輸入端之間的電壓差）有關，並可表示為

$$T_{\text{delay}} \approx \frac{K}{\sqrt[3]{m \cdot 0.1/\Delta i_{\text{o}}}}$$

其中，m 為電感電流的上升或下降斜率。另外，上升和下降時間可表示為

$$T_r = \frac{6\mu}{\sqrt[3]{\dfrac{V_o \cdot 0.1}{\Delta i_o}}} \cdot \sqrt[3]{L_2} = K_3 \cdot \sqrt[3]{L_2}$$

$$T_{f2} = \frac{\Delta i_o \cdot L_2}{V_o} = K_2 \cdot L_2$$

$$T_r = \frac{6\mu}{\sqrt[3]{\dfrac{V_o \cdot 0.1}{\Delta i_o}}} \cdot \sqrt[3]{L_2} = K_3 \cdot \sqrt[3]{L_2}$$

利用上述延遲時間方程式計算 $L2$ 的電感值會得到一個三次方程式，此三次方程式有一實根和兩個虛根，而 $L2$ 的電感值為該三次方程式實根的立方。

$$a = K_2$$

$$b = \frac{V_{in}}{V_o} \cdot K_1 + K_3$$

$$c = T_{off}$$

$$\Delta = 12 \cdot \sqrt{3} \cdot \sqrt{\frac{4 \cdot b^3 + 27 \cdot a \cdot c^2}{a}}$$

$$L_2 = \left\{ \frac{1}{6 \cdot a}[(108 \cdot c + \Delta) \cdot a^2]^{1/3} - \frac{2 \cdot b}{[(108 \cdot c + \Delta \cdot a^2)]^{\frac{1}{3}}} \right\}^3$$

把選定後的電感值代回上升和下降時間 T_r、T_f 和 T_{f2} 的方程式後可得到實際的上升和下降時間值 $T_{r,ac}$、$T_{f,ac}$ 和 $T_{f2,ac}$，並可再計算出實際的關閉時間 $T_{off,ac}$。

$$T_{off,ac} = T_{f1,ac} + T_{f2,ac} + T_{f,ac}$$
$$= \frac{V_{in}}{V_o} \cdot T_{r,ac} + T_{f2,ac} + T_{f,ac}$$

實際的電感電流漣波 $\Delta i_{o,ac}$ 為

$$\Delta i_{o,ac} = \frac{V_o \cdot T_{off,ac}}{L_2}$$

7.1.4 升降壓型轉換電路的穩定性

單一開關的升降壓型轉換電路可視為由兩個獨立的升壓型轉換電路和降壓型轉換電路依序串級組成，並用相同的訊號驅動兩個開關（參考圖 7.8）。

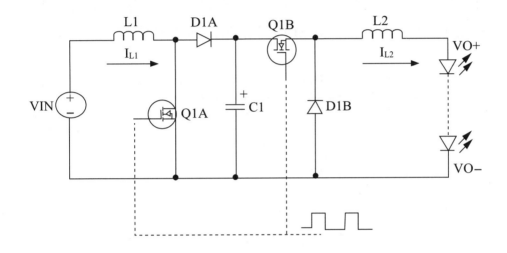

圖 7.8 升降壓型轉換電路

此電路系統內的電壓關係為

$$\frac{V_c}{V_{in}} = \frac{1}{1-D} \quad （升壓型轉換電路）$$

$$\frac{V_o}{V_c} = D \quad （降壓型轉換電路）$$

利用上述方程式可推導出電容電壓 V_c 以及輸入電壓 V_{in} 和輸出電壓 V_{out} 之間的關係

$$\frac{V_o}{V_{in}} = \frac{V_o}{V_c} \cdot \frac{V_c}{V_{in}} = \frac{D}{1-D}$$

$$V_c = \frac{V_{in}}{1 - D} = \frac{V_{in}}{1 - V_o/V_c}$$

$$\Rightarrow V_c = V_o + V_{in}$$

在設計阻尼網路時，把升降壓型轉換電路用圖 7.7 的雙開關型式表示會比用 Cuk 轉換電路的單一開關型式來得容易理解。因此，在接下來的討論中，會使用串級轉換電路推導方程式。

在使用 HV9930 的升降壓型轉換電路的遲滯控制中，控制的是輸出降壓級，但並未控制輸入升壓級。圖 7.9 顯示由 HV9930 控制的升降壓型轉換器的等效電路圖。

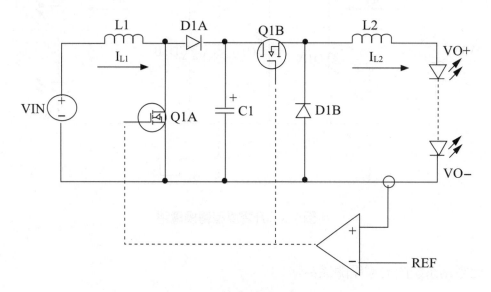

圖 7.9　升降壓型控制電路

降壓級的遲滯控制可確保輸出電流 i_{L2} 在所有輸入轉換情況中均維持定值。因此，為得到平均輸出模型，電容 $C1$ 所看到的負載可等效為 $d \cdot I_o$ 的電流源模型，其中 d 是瞬時工作週期，而 I_o 為定輸出電流值。此外，連續導通模式的降壓級表示有一限制式

$$V_o = d \cdot v_c$$

其中 d 和 v_c 是和時間有關的工作週期及電容電壓，而 V_o 則是固定的輸出電壓。為讓系統穩定，控制系統需能減小任何電容電壓的干擾。

無阻尼的升降壓級轉換電路的系統迴路增益會有負的相位邊限（也就是說，當振幅為 0dB 時，相位小於 $-180°$），這是由無阻尼的 LC 極點對所引起並會讓系統不穩定。因此，電容電壓上的任何變動都會被放大，並持續增大到零組件崩潰為止。在測試之時，若轉換電路快要變得不穩定時，切換頻率會以一低頻的拍頻增高和減低，而此低頻漣波可在平均過後的輸出電流觀察到。

在無阻尼極點對加上 RC 阻尼可讓系統穩定，並確保輸入干擾都被適當地衰減。此外，電容 Cd 可讓電阻 Rd 不會看到電容電壓 V_c 的直流成分（電容 Cd 可阻隔電壓的直流成份），以減少阻尼電阻的功率消耗。

假設電容值 $Cd \gg C1$，RC 阻尼升降壓型轉換電路的迴路增益轉移函數可推導如下

$$G(s)H(s) = \frac{D}{1-D} \cdot \frac{(1 + s \cdot Rd \cdot Cd) \cdot \left(1 - s \cdot \dfrac{D}{(1-D)^2} \cdot \dfrac{L1 \cdot I_o}{V_o}\right)}{(1 + s \cdot Rd \cdot C1) \cdot \left(1 + s \cdot Rd \cdot Cd + s^2 \cdot \dfrac{L1 \cdot Cd}{(1-D)^2}\right)}$$

由上式可看出此迴路具有 $D/(1-D)$ 的直流增益，並包含：

1. 在 $\omega_Z = \dfrac{1}{Rd \cdot Cd}$ 的阻尼（以及等效串聯電阻）零點。

2. 在 $\omega_{RHP} = \dfrac{(1-D)^2}{D} \cdot \dfrac{V_o}{L1 \cdot I_o}$ 的零 RHP 點。

3. 中心共振頻率為 $\omega_o = \dfrac{1-D}{\sqrt{L1 \cdot Cd}}$ 和阻尼係數為 $\delta = (1-D) \cdot Rd \cdot \sqrt{\dfrac{Cd}{L1}}$ 的複數極點對。

4. 在 $\omega_p = \dfrac{1}{Rd \cdot C1}$ 的高頻極點。

為得到穩定的迴路，0dB 的交越頻率（ω_c）應滿足 $\omega_c \ll \omega_{RHP}$ 以及 $\omega_c \ll \omega_p$，而只要選用的電容滿足 $Cd \gg C1$ 即可輕易地符合第二個條件。

　　在輸入電壓最低的最糟情況下，因為直流增益最大，通常會符合 $\omega_c \gg \omega_o$ 的條件，而在此情況下的 Cd 和 Rd 近似值可輕易地求得。若把交越頻率設為 $\omega_c = \omega_{RHP}/N$（$N \gg 1$），則從下式可算出大略的中心共振頻率 ω_o。

$$\omega_o = \omega_c \cdot \sqrt{\frac{1-D}{D}} = \frac{\omega_{RHP}}{N} \cdot \sqrt{\frac{1-D}{D}}$$

　　代入中心共振頻率 ω_0 和 RHP 零點頻率 ω_{RHP} 可得到計算電容 Cd 的方程式

$$Cd = \frac{N^2 \cdot D^3}{(1-D)^3} \frac{L1 \cdot I_o{}^2}{V_o{}^2}$$

　　若所選用的阻尼電阻 Rd 讓阻尼零點頻率 $\omega_z = \omega_c$ 時，可得到良好的相位邊限以及最低的功率散逸，而利用阻尼零點頻率 ω_z 和 RHP 零點頻率 ω_{RHP} 的公式可求出阻尼電阻 Rd。

$$Rd = \frac{N \cdot D}{(1-D)^2} \frac{L1 \cdot I_o}{Cd \cdot V_o}$$

　　若把 N 設為 3，則可把上述的公式轉為下式以計算出阻尼網路的近似值：

$$Cd = 9 \cdot \left(\frac{D}{1-D}\right)^3 \cdot L1 \cdot \left(\frac{I_o}{V_o}\right)^2$$

$$Rd = \frac{3 \cdot D}{(1-D)^2} \frac{L1 \cdot I_o}{Cd \cdot V_o}$$

　　注意，阻尼電阻值包含阻尼電容的等效串聯電阻在內。在許多案例中，當所用的阻尼電容為電解電容時，會有非常明顯的等效串聯電阻，有時甚至會大到數歐姆，此時可因而減小所用的阻尼電阻。

7.1.5 PWM 調光的調光率

升降壓型轉換電路的調光率是否呈線性，會與切換頻率以及脈寬調光頻率兩者相關。

對於切換頻率最低為 300kHz 的轉換電路而言，一次的切換時間週期為 3.33μs，而這也是脈寬調光週期的最短導通時間。當脈寬調光頻率為 200Hz（週期 5ms）時，3.33μs 的切換時間表示最小的工作週期為 0.067%，相當於 1：1500 的調光範圍；但當同樣的轉換電路以 1kHz（週期 1ms）進行脈寬調光時，最小的工作週期為 0.33%，或者說脈寬調光範圍變為 1：300。

若脈寬調光的週期的最短導通時間小於切換時間週期，則 LED 電流無法達到應有的最終值，平均電流會變小，LED 會變暗，脈寬調變輸入的工作週期和 LED 平均電流之間的線性度關係也會變差。

7.1.6 使用 HV9930 設計升降壓型轉換電路

設計規格

輸入電壓範圍 = 9-16V（典型值為 13.5V）

瞬態電壓 = 42V（移除負載的額定箝位電壓）

逆向極性保護電壓 = 14V

輸出電壓 = 最大 28V

輸出電流 = 350mA

LED 串路動態阻抗 = 5.6 歐姆

預期效率：最低 72%，最高 82%（典型值為 80%）

上述的效率值並未考慮到逆向阻隔二極體的功率損耗。蕭特基二極體上約有 V_d = 0.5V 的壓降，因此功率消耗範圍約在 0.4-0.6W 之間，在設計轉換電路時需把二極體壓降列入考量。

此範例所用的效率值為在所給定之輸入電壓和輸出功率階度下的典型值。在輸入電流較低時（亦即，輸入電壓較高時）可得到較高的效率，而低輸入電壓的效率會下

降是因為大輸入電流所引起的導通損耗。轉換效率與操件條件有關,除了在非常高功率的設計中,上面的效率值為相當良好的參考值。

當使用 HV9930 控制的 Cuk 轉換電路且操作頻率維持在低於 150kHz 時,可輕易地獲得超過 85% 的轉換效率。但為符合汽車電磁干擾防制的規範,需提高切換頻率(會增加系統的切換損耗),以犧牲掉高效率。

圖 7.10 為本範例所要討論的升降壓型轉換電路。

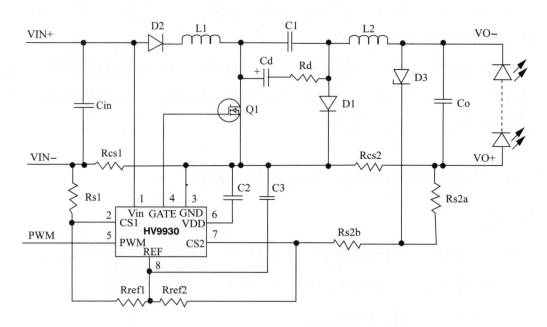

圖 7.10　使用 HV9930 的升降壓型轉換電路

輸入電壓最低時的切換頻率

雖然 HV9930 為頻率可變的 IC,但選擇最低切換頻率相當重要。在汽車電子的轉換電路應用中,把切換頻率的範圍設計在 300kHz 至 530kHz 之間可避開無線廣播頻段的限制,並可輕易地符合電磁輻射干擾防制的規範。所以,在此範例中,發生在輸入電壓最低時的最低切換頻率可選擇為 300kHz。

計算工作週期

切換開關的工作週期需用最低的輸入電壓計算

$$D_{\max} = \cfrac{1}{1 + \cfrac{\eta_{\min} \cdot (V_{\text{in,min}} - V_{\text{d}})}{V_{\text{o}}}}$$

$$= 0.821$$

計算輸入電流

首先應該要計算的是在最低輸入電壓下的輸入電流大小，因為可得到最大的電流值，而此電流值可用來解出各個零組件的電流值。

$$I_{\text{in,max}} = \frac{V_{\text{o}} \cdot I_{\text{o}}}{\eta_{\min} \cdot (V_{\text{in,min}} - V_{\text{d}})}$$

$$= 1.601\text{A}$$

計算輸出電感（$L2$）

計算輸出電感的第一步驟是計算關閉時間，可用下式計算

$$T_{\text{off}} = \frac{1 - D_{\max}}{f_{\text{s,min}}}$$

$$= 598\text{ns}$$

假設輸出電流有 25% 的峰對峰漣波電流（$\Delta i_{\text{o}} = 87.5\text{mA}$），並把 $V_{\text{in, min}} - V_{\text{d}}$ 用 V_{in} 取代以考慮到輸入電壓中的二極體壓降，可得到

$$598\text{ns} = 0.887\mu \cdot \sqrt[3]{L_2} + 3.125\text{m} \cdot L_2 + 1.89\mu \cdot \sqrt[3]{L_2}$$

可解出電感 L_2

$$L_2 = (0.053)^3 = 145\mu\text{H}$$

與計算值最接近的標準電感為電感值 150μH、方均根電流 0.35A，以及飽和電

流 0.4A 的電感。

因為此標準電感值與計算值不同，實際的關閉時間會變為

$$T_{\text{off,ac}} = 2.777\mu \cdot \sqrt[3]{L_{2,\text{ac}}} + 3.125\text{m} \cdot L_{2,\text{ac}}$$

$$= 616\text{ns}$$

輸出電流中的實際漣波電流為

$$\Delta i_{\text{o,ac}} = \frac{V_{\text{o}} \cdot T_{\text{off,ac}}}{L_{2,\text{ac}}}$$

$$= 0.115\text{A}$$

注意，雖然輸出電流的漣波假設為約 25%（或 87.5mA），但實際的漣波電流約為假設值的兩倍，而漣波電流的增加是因比較器的延遲所造成。在轉換電路的輸出端（跨過輸出的 LED），需要輸出電容以把漣波電流減少到預設的大小。因切換頻率很高，所以此電容非常的小，而且此電容有助於減少輸出的電磁輻射。在利用脈寬調光的應用中，應避免使用大的輸出電容，因為電容上儲存的電荷會減少可獲得的調光比。

計算超出預設值的突波和負突波會是項很有用的資訊，這有助於得知比較器的延遲如何改變平均電流。

$$\Delta i_{\text{over}} = \frac{V_{\text{o}}}{L_{2,\text{ac}}} \cdot \left(\frac{V_{\text{in,min}} - V_{\text{d}}}{V_{\text{o}}} \cdot K_1 \right) \cdot \sqrt[3]{L_{2,\text{ac}}}$$

$$= 8.3\text{mA}$$

$$\Delta i_{\text{under}} = \frac{V_{\text{o}}}{L_{2,\text{ac}}} \cdot K_3 \cdot \sqrt[3]{L_{2,\text{ac}}}$$

$$= 19\text{mA}$$

所以，平均輸出電流可比設定值減少約 10.7mA（19mA − 8.3mA）。

在大多數的情況中，因為可選用的電感值有限，實際的關閉時間與計算值的差異很大。因此，最好使用重新計算的實際關閉時間解出其他的零組件數值。

當切換頻率小於 150kHz 時，可用 $L_2 = \dfrac{V_o \cdot T_{off}}{\Delta i_o}$ 的公式計算輸出電感（L2）值，而大幅簡化上述的計算過程。

計算輸入電感（L1）

假設在最低的輸入電壓下，輸入電流有 15% 的峰對峰漣波電流（低輸入漣波電流可減小所需使用的輸入濾波電容值）。可利用上述的關閉時間求出輸入電感值。

$$L_1 = \frac{V_o \cdot T_{off,ac}}{0.15 \cdot I_{in,max}}$$

$$= 72\mu H$$

最接近的標準電感值為 82μH 的電感，而此電感的額定電流會在設定輸入電流上限之後的最後階段才會決定。

輸入電流的峰對峰漣波電流值為

$$\Delta I_{in} = \frac{V_o \cdot T_{off,ac}}{L_{1,ac}}$$

$$= 0.21A$$

計算中間電容（C1）值

假設在最低的輸入電壓下，中間電容 C1 上有 10% 的漣波電壓（$\Delta v_c = 0.1 \cdot (V_{in,min} - V_d + V_o) = 3.65V$），可計算出中間電容 C1 如下

$$C_1 = \frac{I_{in,max} \cdot T_{off,ac}}{\Delta v_c}$$

$$= 0.257\mu F$$

$$I_{\mathrm{rms,C1}} = \sqrt{I_{\mathrm{in,max}}^2 \cdot (1 - D_{\mathrm{max}}) + I_{\mathrm{o}}^2 \cdot D_{\mathrm{max}}}$$

$$= 0.72\mathrm{A}$$

中間電容 $C1$ 的型式和耐壓必需仔細的挑選，因為此電容同時載送輸入電流和輸出電流。因此，為避免電容額外損耗和過熱的問題，其等效串聯電阻必需非常的低。因為陶瓷電容的等效串聯電阻很低，而且瞬間耐壓上限很高，所以對此應用而言是相當理想的選擇。若因成本或進貨等原因無法使用陶瓷電容時，可用例如聚對酞酸乙二酯 PET 等塑膠薄膜電容替代，但體積會變得相當龐大。

中間電容 $C1$ 上的最大穩態電壓為 44V（＝ 28V ＋ 16V），而最大暫態電壓 $V_{\mathrm{c,max}}$ 為 70V（＝ 28V ＋ 42V）。陶瓷電容在負載電壓掉落的瞬間可輕易地忍受高達額定電壓 2.5 倍的電壓差。此外，當加上偏壓時，陶瓷電容的實際電容值會變小。型號 X7R 及 X5R 的陶瓷電容屬於較穩定者，在額定電壓的偏壓下，電容值的下降不會超過 20%。

因此，可選用電容值 $0.22\mu\mathrm{F}$、耐壓 50V 的 X7R 陶瓷晶片電容。

選擇切換電晶體（$Q1$）

MOS 電晶體 $Q1$ 上跨過的峰值電壓為 70V，假設電感漏過來的突波會讓此電壓值上升 30%，則 MOS 的額定電壓至少需為

$$V_{\mathrm{FET}} - 1.3 \cdot V_{\mathrm{c,max}}$$

$$= 91\mathrm{V}$$

當輸入電壓最低時，MOS 電晶體的方均根電流為最大值（除電流最大外，工作週期亦最大），該最大方均根電流為

$$I_{\mathrm{FET,max}} = (I_{\mathrm{in,max}} + I_{\mathrm{o}}) \cdot \sqrt{D_{\mathrm{max}}}$$

$$= 1.77\mathrm{A}$$

選擇 MOS 電晶體的典型方法是讓額定電流超過最大方均根電流的三倍，此處可選用 Fairchild 半導體公司編號 FDS3692 的 NMOS 電晶體，其耐壓為 100V、額定電流 4.5A、導通電阻 50mΩ。注意，額定電流通常指的是在室溫 25℃時的額定電流，當溫度升高時，額定電流會下降。

此顆 MOS 電晶體的總閘極電荷 Q_g 最大為 15nC。在此建議 MOS 電晶體的總閘極電荷不應超過 20nC，因為較長的切換時間會讓切換損耗增加。除非把切換頻率適當地降低，方可接受較大的閘極電荷值。

藉由在 MOS 電晶體的閘極串聯電阻讓 MOS 導通時間變慢可減少電磁干擾。當 MOS 導通速度變慢時，瞬變電流的大小會被限制住，但會減低轉換效率。若在 MOS 電晶體的閘極加上 PNP 電晶體有助於減小效率下降的損失，電磁干擾也不會明顯地增加。

選擇切換二極體（D1）

二極體 D1 的最大額定電壓與 MOS 電晶體的額定電壓相同，而通過二極體的平均電流則與輸出電流相同。

$$I_{diode} = I_o = 350mA$$

雖然二極體的平均電流僅有 350mA，但實際上流過二極體的切換電流可能高達 1.95A（$I_{in, max} + I_o$）。注意：計算時的電流用 360mA，以容許因延遲而減少 10mA，但實際的平均電流為 350mA。限流 500mA 的二極體可安全的載送 1.79A 的電流，但在通過如此大電流時，電壓降會非常的高，進而增加功率消耗。因此，需選用額定電流至少超過 1A 的二極體，而耐壓 100V、限流 2A 的蕭特基二極體即為相當良好的選擇；但選用額定電壓遠高於所需的二極體並不是一項好主意，因為順向電壓降通常會隨著逆向額定電壓降的增加而增加，而造成更大的導通損耗。

選擇輸入二極體（D2）

輸入二極體 D2 的作用有二：

1. 可作為輸入端的逆向極性保護電路。

2. 可避免電容 $C1$ 在 HV9930 關閉時放電，有助於電路的脈寬調光。

　　此二極體的額定電流至少需為 $I_{\text{in, max}}$，額定電壓則應超過額定的逆向輸入電壓，而較大的額定電流通常會有較低的順向電壓降。在此範例中，型號 30BQ015 的蕭特基二極體（耐壓 15V、限流 3A）會是相當良好的選擇。

　　若逆向保護與脈寬調光皆不需要時，從 LED 驅動電路移除輸入二極體可增加此轉換電路的輸入供應電壓，這樣就可稍微地增加轉換效率，並稍微減低最大輸入電流。

計算輸入電容值（C_{in}）

　　在轉換電路的輸入端需要電容對輸入電流濾波，此電容 C_{in} 主要是用來減少輸入電流漣波的二次諧波（在本範例中，該二次諧波約落在 AM 無線電波的頻段）。依照 SAE J1113 的規格書所載，當輸入電壓為 13 ± 0.5V 時，在此窄頻範圍內的放射峰值限制為 50dBμV（約 316μV = 0.316mV），以符合 Class 3 的規範。假設輸入電流為傳統的鋸齒波，輸入電流之二次諧波（$I_{\text{in, 2}}$）的方均根值為

$$I_{\text{in,2}} = \frac{\Delta I_{\text{in}}}{2 \cdot \sqrt{2} \cdot \pi} = 0.024\text{A}$$

　　當輸入電壓為 13V 時，可算出此轉換電路的工作週期、切換頻率和輸入電容：

$$D_{\text{nom}} = \frac{1}{1 + \dfrac{\eta_{\text{nom}} \cdot (V_{\text{in,nom}} - V_{\text{d}})}{V_{\text{o}}}}$$

$$= \frac{1}{1 + \dfrac{0.8 \cdot (13.5 - 0.5)}{28}}$$

$$= 0.73$$

$$f_{\text{s,nom}} = \frac{1 - D_{\text{nom}}}{T_{\text{off,ac}}}$$

$$= 414\text{kHz}$$

$$C_{in} = \frac{I_{in,2}}{4 \cdot \pi \cdot f_{s,nom} \cdot 10^{-6} \cdot 10^{50/20}}$$

$$= 14.6\mu F$$

上式求出的輸入電容值可用三個耐壓 25V、電容值 4.7μF 的 X7R 陶瓷電容並聯組合而得（4.7 × 3 = 14.1μF）。

計算輸出電容值（C_o）

為了把 LED 的漣波電流從 115mA 減少到 $\Delta I_{LED} = 70mA$（20% 的峰對峰漣波電流），需要用到輸出電容 C_o，計算時僅需用到電感電流的一次諧波即可求出輸出電容 C_o 的近似值。在 LED 上有 70mA 的峰對峰漣波電流會造成 392mV 的峰對峰漣波電壓。接著用

$$\frac{\Delta v_o}{2} = \frac{8}{\pi^2} \cdot \left(\frac{\Delta i_{L2}}{2}\right) \cdot \frac{R_{LED}}{\sqrt{1 + (2 \cdot \pi \cdot f_{s,min} \cdot R_{LED} \cdot C_o)^2}}$$

移項後，可由下式計算出所需的輸出電容 C_o

$$C_o = \frac{\sqrt{\left(\frac{16 \cdot R_{LED}}{\pi^2} \cdot \frac{\Delta i_{L2}}{\Delta v_o}\right)^2 - 1}}{2 \cdot \pi \cdot f_{s,min} \cdot R_{LED}}$$

$$= 0.178\mu F$$

可選用電容值 0.22μF、耐壓 35V 的陶瓷電容。

計算切換頻率的理論變動值

接著，可解出最高及最低的切換頻率（使用穩定態的電壓條件）：

$$f_{s,min} = \frac{1 - \frac{1}{1 + \eta_{min} \cdot (V_{in,min} - V_d)/V_o}}{T_{off,ac}}$$

$$= 291kHz$$

$$f_{s,max} = \frac{1 - \dfrac{1}{1 + \eta_{max} \cdot (V_{in,max} - V_d)/V_o}}{T_{off,ac}}$$

$$= 506\text{kHz}$$

故此範例的切換頻率理論變動值為 398kHz ± 27%。

設計阻尼電路（R_d 及 C_d）

阻尼網路的元件值（R_d 及 C_d）可用下式計算

$$Cd = 9 \cdot \left(\frac{D_{max}}{1 - D_{max}}\right)^3 \cdot L_{1,ac} \cdot \left(\frac{I_o}{V_o}\right)^2$$

$$= 11\mu\text{F}$$

$$Rd = \frac{3 \cdot D_{max}}{(1 - D_{max})^2} \cdot \frac{L_{1,ac} \cdot I_o}{Cd \cdot V_o}$$

$$= 7.16\Omega$$

R_d 的功率消耗為

$$P_{Rd} = \frac{\Delta v_c^2}{12 \cdot R_d}$$

$$= \frac{3.65^2}{12 \cdot 7.16} = 0.155\text{W}$$

阻尼電容上的方均根電流為

$$i_{Cd} = \frac{\Delta v_c^2}{2 \cdot \sqrt{3} \cdot R_d} = 0.147\text{A}$$

若選用電容值 10μF、耐壓 50V 的電解電容時，至少可容許 150mA 的方均根電流通過，Panasonic 公司的 EEVFK1H100P 電容（電容值 10μF、耐壓 50V、尺寸大小 D）為合適的選擇之一。此電容具有約 1Ω 的等效串聯電阻，故 R_d 的電阻可減

小至約 6.2Ω。

HV9930 的內部電壓調節器

HV9930 包含一個內建的 8 - 200V 的線性調節器，以對 HV9930 IC 供應電源。此調節器可連接至圖 7.11(A) 或 (B) 所示的任一節點上。

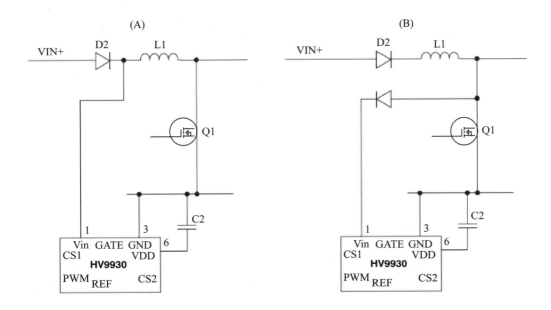

圖 7.11 VIN 腳位的連接點電路圖

在輸入電壓永遠超過 8V 的一般情況下，此 HV9930 IC 的 VIN 腳位可連接至輸入保護二極體 $D2$ 的陰極，如圖 7.11(A) 所示。若不需要逆向保護時，該 VIN 腳位可直接連接至正電源端 VIN+（在圖 7.11 中未顯示此接法）。

當轉換電路需要操作在輸入電壓低於 8V 的情況下，一但轉換電路開始動作（例如在冷啟動的情況下），此 HV9930 的 VIN 腳位可如圖 7.11(B) 般連接。此時，MOS 電晶體 $Q1$ 的汲極電壓為 $V_{in} + V_o$，因此就算輸入電壓低於 8V，此 IC 仍能正常工作。但在此種情況下，VDD 接腳需要一個電容值更大的維持電容 $C2$，以在 MOS 電晶體 $Q1$ 導通時對 HV9930 IC 供應電源。

然無論輸入電壓永遠超過 8V 或可能低於 8V，均建議在 VDD 腳位接上 2.2μF 或電容值更大的陶瓷電容。

內部參考電壓

HV9930 包含一個內部的 1.25V（±3%）參考電壓，可用來設定輸入和輸出遲滯比較器的臨界電流值。建議在此腳位旁接上至少 0.1μF 的陶瓷旁路電容 C3。

規劃遲滯控制電路及過電壓保護

輸入和輸出遲滯控制電路的每一路電流大小皆由三個電阻設定－一個電流檢測電阻以及兩個分壓電阻。在輸入側和輸出側均用相同的電阻方程式

$$\frac{R_\text{s}}{R_\text{ref}} = \frac{0.05 \cdot \dfrac{\Delta i}{I} + 0.1}{1.2 \cdot \dfrac{\Delta i}{I} - 0.1}$$

$$R_\text{CS} = \frac{1.2 \cdot \dfrac{R_\text{s}}{R_\text{ref}} - 0.05}{I}$$

上述公式是以 HV9930 所提供的 1.25V 參考電壓來設定電流。在 LED 需要線性調光的情況中，建議輸入電流臨界值仍用 1.25V 的參考電壓為基準設定，但輸出電流臨界值則改用會變動之輸入電壓修正，假設以最大外部電壓 V_LD 為參考電壓，上面兩式可修正如下

$$\frac{R_\text{s}}{R_\text{ref}} = \frac{0.05 \cdot \dfrac{\Delta i}{I} + 0.1}{(V_\text{LD} - 0.05) \cdot \dfrac{\Delta i}{I} - 0.1}$$

$$R_\text{CS} = \frac{(V_\text{LD} - 0.05) \cdot \dfrac{R_\text{s}}{R_\text{ref}} - 0.05}{I}$$

在本設計範例中，假設不需用到線性調光，故輸入和輸出的遲滯控制電路均用 1.25V 為參考電壓。

注意：當 HV9930 用在升降壓兩用型轉換電路時，無法以不連續導通模式操作，

故最低的外部電壓為

$$V_{\text{LD}} = 0.1 \cdot \frac{R_{\text{ref2}} + R_{\text{s2}}}{R_{\text{s2}}}$$

在設計輸出側電路時與過電壓保護有關，升降壓兩用型轉換電路原本並未針對 LED 開路的狀況設計，所以需要外部保護電路，而這可藉由加入稽納二極體 $D3$ 以及把電阻 $Rs2$ 分成電阻 $Rs2a$ 和電阻 $Rs2b$ 兩部分來完成。在正常操作下，電感 $L2$ 的電流僅會通過電阻 $Rcs2$，而電阻 $Rcs2$ 上的電壓降則由串聯的電阻 $Rs2a$ 和 $Rs2b$ 檢測。

當 LED 開路時，電感 $L2$ 的電流會通過稽納二極體 $D3$，接著把輸出電壓箝位至稽納二極體 $D3$ 的崩潰電壓之下。但因稽納二極體 $D3$ 無法承載電路設計之最大電流，所以需把電流大小減低到可處理的程度。在 LED 開路時，電流也會通過電阻 $Rcs2$ 和電阻 $Rs2a$，故 IC 所看到的實際電流檢測電阻為 $Rcs2+Rs2a$，而此兩電阻上的電壓降則由電阻 $Rs2b$ 檢測。因此，此電路可有效地減小設計的電流大小，並避免大電流通過稽納二極體 $D3$。

選擇輸出側電阻（R_{s2a}、R_{s2b}、R_{cs2}、R_{ref2}）

計算輸出側時所用的輸出電流為 $I_{\text{o}} = 0.36\text{A}$（為補償延遲時間的電流下降，故加上 10mA）以及 $\Delta I_{\text{o}} = 87.5\text{mA}$。注意，在此處的漣波電流使用假設值，而非計算出來的實際值。把這些數值代入方程式

$$\frac{R_{\text{s2a}} + R_{\text{s2b}}}{R_{\text{ref2}}} = 0.534$$

$$R_{\text{cs2}} = 1.64\Omega$$

$$R_{\text{Rcs2}} = 0.35^2 \cdot 1.64 = 0.2\text{W}$$

在完成輸出側的設計之前，還需要設計過電壓保護電路。在本範例中，可選擇 33V 的稽納二極體，以讓輸出端的 LED 在開路時，可將輸出電位限制在此電壓下。當使用額定功率為 350mW 的二極體時，可算出在 33V 時的額定最大電流約為 10mA。假設在 LED 開路時的電流大小為 5mA，並利用前述的 $R_{\text{s}}/R_{\text{ref}}$ 比值，可得到

$$R_{s2a} + R_{cs2} = 120\Omega$$

可選用如下的電阻值

$$R_{cs2} = 1.65\Omega, \ 1/4W, \ 1\%$$
$$R_{ref2} = 10k\Omega, \ 1/8W, \ 1\%$$
$$R_{s2a} = 100\Omega, \ 1/8W, \ 1\%$$
$$R_{s2b} = 5.23k\Omega, \ 1/8W, \ 1\%$$

設計輸入側電阻（R_{cs1}、R_{ref1}、R_{s1}）

對輸入側的電路而言，首先要決定的是輸入電流的大小限制，此電流大小的主要影響因素為，即使在最低的輸入電流下，輸入比較器仍不可干擾到轉換電路的操作。

在最低輸入電壓下的輸入電流峰值為

$$I_{in, \, pk} = I_{in, \, max} + \frac{\Delta I_{in}}{2}$$
$$= 1.706A$$

假設轉換電路在輸入電流限制模式下的峰對峰漣波電流為 30%，輸入電流的最低值為

$$I_{lim, \, min} = 0.85 \cdot I_{in, \, lim}$$

輸入電流需確保 $I_{lim, \, min} > I_{in, \, pk}$ 以讓轉換電路能適當的操作，可假設 5% 的安全係數，亦即，

$$I_{lim, \, min} = 1.05 \cdot I_{in, \, pk}$$

可計算出輸入電流上限為 $I_{in, \, lim} = 2.1A$，假設在 30% 的峰對峰漣波電流時，可

計算出

$$\frac{R_{s1}}{R_{ref1}} = 0.442$$

$$R_{cs1} = 0.228\Omega$$

$$P_{Rcs1} = I_{in,\,lim}^2 \cdot R_{cs1} = 1W$$

該功率消耗為最大值,僅會發生在輸入電壓為最低值時。在額定 13.5V 的輸入電壓下,可利用額定的效率和輸入電壓計算出輸入電流和功率消耗

$$I_{in,nom} = \frac{28 \cdot 0.35}{0.8 \cdot (13.5 - 0.5)}$$

$$= 0.942A$$

$$P_{Rcs1} = 0.942^2 \cdot 0.228 = 0.2W$$

故在額定輸入電壓時,輸入功率可減少五倍至比較合理的 0.2W。

輸入側的電阻可選用如下的電阻值,其中 R_{cs1} 可用三個額定功率 1/2W、精密度 5%、電阻值 0.68Ω 的電阻並聯組合而得(0.68÷3 = 0.227Ω)

$$R_{cs1} = 0.227\Omega, \ 1/2W, \ 5\%$$

$$R_{ref1} = 10k\Omega, \ 1/8W, \ 1\%$$

$$R_{s1} = 4.42k\Omega, \ 1/8W, \ 1\%$$

輸入電感電流額定值

輸入電感流過的最大電流為 $I_{lim,\,max} = 1.15 \times I_{in,\,lim} = 2.4A$,故電感的額定飽和電流至少需為 2.5A。若此轉換電路通常操作在輸入電流的上限內,則額定方均根電流可為 2.A,或用 1.5A 的額定方均根電流亦勉強可行。

效率改善

減小輸入電流檢測電阻的電阻值可減少功率消耗(功率損失)。為此,需在飛輪

二極體的正端以及 HV9930 的電流檢測輸入腳之間加入一個額外電阻 RA，如圖 7.12 所示，此電阻可減少輸入比較器所需的遲滯。

在圖 7.12 中，電阻 $R_{S1} = R_4$，$R_{REF1} = R_7$ 以及 R_{CS1} 為 R_1 及 R_3 的並聯組合（$R_{CS1} = R_1 // R_3$）。

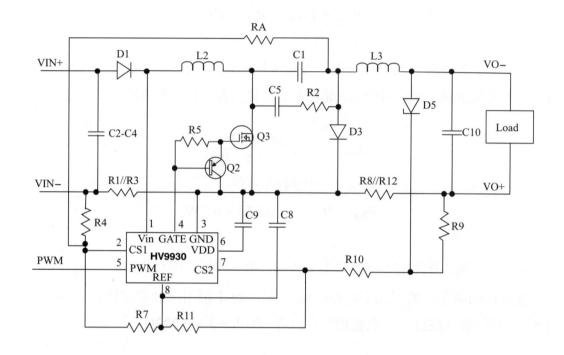

圖 7.12　修正的 Cuk 電路

首先考慮 MOS 電晶體 $Q3$ 在導通週期時的電路狀況，流過電感 $L1$ 的輸入電流以 $\Delta I_{IN}/2$ 的幅度增加，直到此電流達到 $I_{IN, LIM} + \Delta I_{IN}/2$ 為止。當 MOS 電晶體 $Q3$ 導通時，電容 $C1$ 的正端接地，連到電阻 RA 另一端的電位為 $-V_{C1}$，而此電位 $-V_{C1, NOM} = V_{IN, NOM} + V_O$。比較器輸入端 $CS1$ 接腳的參考電位為 0V。接著考慮 $CS1$ 節點的電流，因 $CS1$ 為高阻抗輸入端，故電流總和為零

$$\frac{V_{REF}}{R7} = \frac{V_{C1, NOM}}{RA} + \frac{\left(I_{IN, LIM} + \dfrac{\Delta I_{IN}}{2}\right) \cdot R1 // R3}{R4}$$

接著考慮 MOS 電晶體 $Q3$ 在關閉週期時的電路狀況。因此時飛輪二極體 $D3$ 導通，故電容 $C1$ 的負側視為接地（因二極體的順向電壓降甚小，可忽略）。故在 MOS 電晶體 $Q3$ 關閉時，比較器輸入端 $CS1$ 接腳的參考電位為 100mV。

$$\frac{V_{\text{REF}} - 0.1\text{V}}{R7} = \frac{0.1\text{V}}{RA} + \frac{0.1\text{V} + \left(I_{\text{IN,LIM}} - \dfrac{\Delta I_{\text{IN}}}{2}\right) \cdot R1 // R3}{R4}$$

因電阻 RA 的阻值很大且壓降甚小，可先忽略其影響以簡化方程式

$$\frac{V_{\text{REF}} - 0.1\text{V}}{R7} = \frac{0.1\text{V} + \left(I_{\text{IN,LIM}} - \dfrac{\Delta I_{\text{IN}}}{2}\right) \cdot R1 // R3}{R4}$$

故當 MOS 電晶體 $Q3$ 在關閉週期時，可忽略額外加入的電阻 RA。從上式可看出，若加大電流 $\left(I_{\text{IN,LIM}} - \dfrac{\Delta I_{\text{IN}}}{2}\right)$ 或減小電阻 $R4$，或兩者皆調整時，可減小 $R1//R3$ 的並聯電阻值。

最大的電流檢測電壓 $V_{\text{SENSE, MAX}}$ 發生在 MOS 電晶體 $Q3$ 開始導通時

$$V_{\text{SENSE,MAX}} = \left(I_{\text{IN,LIM}} + \frac{\Delta I_{\text{IN}}}{2}\right) \cdot R1 // R3$$

上式為電容 $C1$ 上電容電壓的函數。

接著，再次檢視 MOS 電晶體 $Q3$ 導通時的電流方程式

$$\frac{V_{\text{REF}}}{R7} = \frac{V_{\text{C1,NOM}}}{RA} + \frac{\left(I_{\text{IN,LIM}} + \dfrac{\Delta I_{\text{IN}}}{2}\right) \cdot R1 // R3}{R4}$$

在 Cuk 的轉換電路中，$V_{\text{C1}} = V_{\text{IN}} + V_{\text{OUT}}$。當電路啟動時，輸出電壓 $V_{\text{OUT}} = 0\text{V}$，故電容電壓 $V_{\text{C1, MIN}} = V_{\text{IN, MIN}}$，而最大的輸入電流 $I_{\text{IN, LIM}}$ 發生在輸入電壓最低時的

$V_{\text{IN, MIN}}$。

$$\frac{V_{\text{REF}}}{R7} = \frac{V_{\text{IN,LIM}}}{RA} + \frac{\left(I_{\text{IN,LIM}} + \dfrac{\Delta I_{\text{IN}}}{2}\right) \cdot R1 /\!/ R3}{R4}$$

若假設修正電路中的最大電流 $\left(I_{\text{IN,LIM}} + \dfrac{\Delta I_{\text{IN}}}{2}\right)$ 等於電感 $L1$ 的飽和電流 I_{SAT}，則可得到

$$\frac{V_{\text{REF}}}{R7} = \frac{V_{\text{IN,MIN}}}{RA} + \frac{I_{\text{SAT}} \cdot R1 /\!/ R3}{R4}$$

因本範例是從未修正的電路開始設計，故在考慮要不要另外加入電阻 RA 之前已計算出 $\left(I_{\text{IN,LIM}} + \dfrac{\Delta I_{\text{IN}}}{2}\right)$ 的電流值。在修正的電路中，電感 $L1$ 的飽和電流 I_{SAT} 需遠大於上述的電流值，以得到減少損耗的好處，但在啟動時的輸入漣波電流會變大。

$$RA = \frac{(V_{\text{IN,NOM}} + V_{\text{out}}) - \dfrac{V_{\text{IN, MIN}} \cdot (I_{\text{IN,LIM}} + \Delta I_{\text{IN}})}{I_{\text{SAT}}}}{\dfrac{V_{\text{REF1}}}{R7} \cdot \left(1 - \dfrac{(I_{\text{IN,LIM}} + \Delta I_{\text{IN}})}{I_{\text{SAT}}}\right)}$$

$$R4(\text{mod}) = \frac{0.1\text{V}}{\dfrac{V_{\text{REF1}} - 0.1\text{V}}{R7} - \dfrac{(I_{\text{IN,LIM}} - \Delta I_{\text{IN}})}{I_{\text{SAT}}} \cdot \left(\dfrac{V_{\text{REF1}}}{R7} - \dfrac{V_{\text{IN,MIN}}}{RA}\right)}$$

$$R1 /\!/ R3(\text{mod}) = \frac{R4(\text{mod})}{I_{\text{SAT}}} \cdot \left(\frac{V_{\text{REF1}}}{R7} - \frac{V_{\text{IN,MIN}}}{RA}\right)$$

在標準的電路架構中，其中的 $V_{\text{REF1}} = 1.25\text{V}$。

電磁干擾的傳導及輻射規範

因為升降壓型轉換電路本身的特性，可輕易的符合電磁干擾的傳導和輻射規範，在電路設計和 PCB 電路板佈局時需採取的預防措施僅有下列幾點。

1. 在輸入電流漣波過大或轉換電路切換頻率超過 150kHz 情況下，在輸入端可能無法僅用電容就能符合電磁干擾防治的規範。此時，在輸入端可能使用 π 型濾波器濾除低頻諧波。

2. 屏蔽電感或屏蔽圓環電感永遠優於無屏蔽電感，這類的電感可減少磁場的輻射。

3. 在電路板佈局時，IC 和 MOS 電晶體的接地連線應該連到印刷電路板上面其中一層的銅箔面上，而此銅箔面必需延伸到電感下方。

4. 由電晶體 $Q1$、電容 $C1$ 及二極體 $D1$ 構成的迴路應儘可能越小越好，此舉非常有助於符合高頻的電磁干擾防治規範。

5. HV9930 的 GATE 腳位輸出到 MOS 電晶體閘極的佈線長度應該越短越好，而且 MOS 電晶體源極和 HV9930 的 GND 腳位應該要接到接地面。在閘極串聯低阻值電阻（10-47 歐姆）可讓切換邊緣波形變得平緩並大幅減低電磁輻射，但也會讓轉換效率稍微降低。若利用 PNP 電晶體則可讓閘極快速地放電，減少轉換效率下降的程度，同時不會增加太多的電磁輻射。

6. 在二極體 $D1$ 上可能會需要跨加一組 RC 阻尼網路以減少因二極體無阻尼接面電容所引起的振鈴電流。

到此已結束 Cuk 轉換電路的設計，接下來要討論的是一種類似的電路，SEPIC 轉換電路。

7.2　SEPIC 升降壓型轉換電路

SEPIC 的縮寫是由 Single Ended Primary Inductance Converter（單端初級電感轉換電路）而來。SEPIC 轉換電路與 Cuk 電路類似，屬於一種升降壓兩用型轉換電路，故其輸入電壓範圍可與輸出電壓範圍重疊，此電路可設計成定電壓輸出或定電流輸出。

SEPIC 電路的提出已經有段時間，但最近才流行起來，原因有二：(a) 此電路需用低等效串聯電阻的電容，現在可輕易地獲得；(b) 此電路可製造符合目前全球電磁輻射干擾規範的具有功率因素校正的交流輸入電源供應器。

在汽車電子和可攜式電子產品中，直流對直流轉換電路的電源是電池。汽車電子所用的 12V 電源的端電壓範圍實際上很大，鉛蓄電池正常操作時的端電壓可從 9V 至 16V，但在冷啟動時可低至 6.5V，而在負載突降（電池斷路時）則可高至 90V。所以在電池輸出端常用壓控電阻吸收能量，以把峰值輸出電壓箝位在約 40V 以下。

鋰電池已廣泛地用在可攜式電子產品中，因其能量密度非常高。單一鋰電池充飽電後的開路電壓為 4.2V，所以可以取代三個鎳鎘 NiCd 電池或鎳氫 NiMH 電池；鋰電池在放電時即使降至 2.7V 仍儲存有部份電能。因為輸入電壓範圍（4.2-2.7V）可能會高或低於許多直流對直流轉換電路的輸出電壓，所以完全不考慮使用單獨的升壓型轉換電路或降壓型轉換電路。

現今的國際標準要求額定功率超過 75W 的電源供應器皆需要功率因素校正電路，功率因素良好表示電源的電流波形為弦波，且相位與電壓一致。大多數的功率因素校正電路利用步升轉換電路作為輸入級，這表示輸入級的輸出電壓必定超過輸入波形的峰值電壓。在歐洲，交流電的方均根電壓範圍在 190V 至 265V，這表示輸出電壓至少為 375V（$265 \times \sqrt{2} = 375V$），會讓下一級的轉換電路碰到很高的輸入電壓，而一般功率因素校正輸入級會有 400V 的高壓輸出。

SEPIC 電路係一種升降壓兩用型轉換電路，升壓部份提供功率因素校正而降壓部份則產生較低的輸出電壓，是一種體積小且有效率的設計，即使在峰值輸入電壓較高時，仍可提供所需的輸出電壓。

7.2.1　基本 SEPIC 方程式

如圖 7.13 所示的升壓型或步升型電路為 SEPIC 轉換電路的基礎。升壓型轉換電路的原理在前一章已詳細討論過：首先，切換開關 $Q1$ 會在導通週期 TON 中導通，讓電感 $L1$ 的電流逐漸增加並藉此儲存磁能；其次，切換開關 $Q1$ 在關閉週期 TOFF 中停止導通，但電感 $L1$ 的電流無法立即改變，仍會持續流動，只是改為通過二極體 $D1$ 並流入輸出電容 C_{out}，電感 $L1$ 的電流會逐漸降低且同時釋放儲存的磁能。此外，輸出電容 C_{out} 可濾除在切換開關 $Q1$ 關閉時由電感 $L1$ 所產生的電流脈衝。

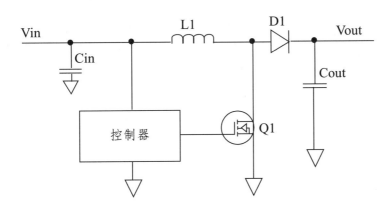

圖 7.13　升壓型轉換電路為 SEPIC 電源供應電路的基礎

　　二極體 $D1$ 需能非常快速地導通或關閉，所以要用恢復時間很短（*Trr* 小於 75ns）的二極體。在輸出電壓 V_{out} 非常低的情況下，把二極體 $D1$ 改用低順向導通電壓（約 400mV）蕭特基二極體可改善效率。

　　注意，升壓型轉換電路有一主要限制：輸出電壓 V_{out} 必須永遠大於輸入電壓 V_{in}。若輸入電壓 V_{in} 有可能比輸出電壓 V_{out} 大，則二極體 $D1$ 將會順向偏壓，且無法避免電流直接從輸入端流至輸出端。

　　如圖 7.14 的 SEPIC 電路係藉由在電感 $L1$ 以及二極體 $D1$ 之間插入電容 Cp 以去除上述的限制，此電容 Cp 可阻擋輸入端和輸出端之間的直流成分。不過，二極體 $D1$ 的正極需接到已知的電位才能正常操作，而這可藉由把二極體 $D1$ 的正極透過第二電感 $L2$ 接地來完成。依照應用電路的不同需求，電感 $L2$ 與電感 $L1$ 可能是分離的或是繞線在相同的磁芯上。

　　若電感 $L1$ 和 $L2$ 繞線在相同的磁芯上，簡單地說就是個變壓器，那用標準的返馳型轉換電路可能會更適合，但在返馳型轉換電路中，變壓器的漏電感需用減振電路解決，而 SEPIC 電路則無此問題。在第 9 章會簡單地討論到減振電路，因為會用到額外的元件，需仔細選用以減少損耗。

　　在 SEPIC 電路中造成大部份導通損耗的是電感 $L1$、電感 $L2$、切換開關 SW 和電容 Cp 各自的寄生電阻 $RL1$、$RL2$、RSW 和 RCp，如圖 7.14 所示。

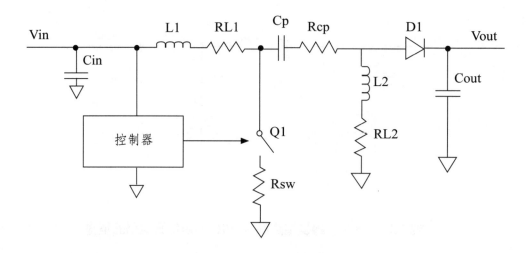

圖 7.14　SEPIC 電路圖

　　除了具有降壓及升壓的能力外，SEPIC 電路的一項優點是電容 Cp 可避免不必要的電流從輸入端流至輸出端，因此可克服輸入電壓 V_{in} 需永遠小於輸出電壓 V_{out} 的簡單升壓型轉換電路限制。

　　雖然 SEPIC 轉換電路的元件很少，但卻不是可輕易地用方程式說明，必需利用一些假設。首先假設電流和電壓漣波值與直流成份相比很小；接著假設平衡時在電感 $L1$ 和 $L2$ 上無直流電壓降（忽略掉寄生電阻的電壓降）。在這些假設之下，電容 Cp 左側透過電感 $L1$ 看到的直流準位為 V_{in}，而右側則透過電感 $L2$ 看到地電位，故電容 Cp 上的平均電壓 $V_{CP(mean)}$ 即為輸入電壓

$$V_{CP(mean)} = V_{IN}$$

　　一個切換循環的週期 T 為切換頻率的倒數，而切換開關 $Q1$ 之導通時間佔週期 T 的比例為工作週期 D，剩下不導通的部份則為 $1-D$。因為在穩態時電感 $L1$ 的平均電壓降為零，電感 $L1$ 在 $D*T$（也就是 MOS 電晶體的導通週期）時間內所看到的電壓正好會被電感 $L1$ 在 $(1-D)*T$（也就是 MOS 電晶體的關閉週期）時間內所看到的電壓補償掉。

$$D \cdot T \cdot V_{\text{IN}} = (1 - D) \cdot T \cdot (V_{\text{OUT}} + V_{\text{D}} + V_{\text{CP}} - V_{\text{IN}})$$

其中 V_{D} 為二極體 $D1$ 在導通電流為 $(IL1 + IL2)$ 時的順向電壓降，而電容電壓 V_{CP} 等於輸入電壓 V_{IN}。消去簡化後可得

$$D \cdot T \cdot V_{\text{IN}} = (1 - D) \cdot T \cdot (V_{\text{OUT}} + V_{\text{D}})$$

上式移項後可得

$$\frac{(V_{\text{OUT}} + V_{\text{D}})}{V_{\text{IN}}} = \frac{D}{1 - D} = Ai$$

Ai 稱之為放大係數，其中的「i」為 ideal 表示寄生電阻為零時的理想狀況。以初步的近似來看，二極體順向壓降 V_{D} 相對於輸出電壓 V_{OUT} 可被忽略掉，可看出依工作週期 D 的數值大或小於 0.5 而定，輸出電壓 V_{OUT} 對輸入電壓 V_{IN} 的比值可大或小於 1（$D = 0.5$ 時相等）。

當考慮到電路中寄生電阻後，更正確的放大率表示式 Aa（其中的「a」為 actual 表示實際）為

$$Aa = \frac{V_{\text{OUT}} + V_{\text{D}} + I_{\text{OUT}} \cdot (Ai \cdot Rcp + RL2)}{V_{\text{IN}} \cdot Ai \cdot I_{\text{OUT}} \cdot (RL1 + Rsw) - Rsw \cdot I_{\text{OUT}}}$$

上式可用於計算輸入電壓 V_{in} 分別為最小值、典型值或最大值時的放大係數 Aa_{min}、Aa_{typ} 和 Aa_{max}，此公式為遞迴的式子（因 Aa_{xxx} 在公式的左右兩側均會出現），但疊代數次後可算出答案。上式忽略掉切換開關 $Q1$ 和二極體 $D1$ 逆向恢復電流所引起的切換損耗，但在切換開關 $Q1$ 為快速 MOS 電晶體且汲極電壓擺動（$V_{\text{in}} + V_{\text{out}} + V_{\text{d}}$）小於 30V 時，通常可忽略掉這些損耗。

但在有些情況下，會需要考慮二極體 $D1$ 逆向恢復電流所引起的導通損耗以及儲存磁能大幅變動所引起的磁芯損耗。此時，可推測工作週期 D 應為

$$D = Aa/(1 + Aa)$$

或用更一般的表示式

$$D_{\text{xxx}} = Aa_{\text{xxx}} \big/ (\, 1 + Aa_{\text{xxx}} \,)$$

其中，**xxx** 可用最低值、典型值或最大值代入。

因為電容 Cp 的直流電流為零，故平均輸出電流 I_{OUT} 僅由電感 $L2$ 所供應。

$$I_{\text{OUT}} = IL2$$

因為電感 $L2$ 永遠等於輸出電流 I_{OUT}，與輸入電壓 V_{IN} 無關，故對電感 $L2$ 的功率消耗要求並不高。

為計算電感 $L1$ 的電流 I_{L1}，可利用直流電流不會流入電容 Cp 的特性。因此，在 $D * T$ 時間內流入的庫倫電荷剛好會被在 $(1-D) * T$ 時間內流出的庫倫電荷平衡掉。當開關導通時（$D * T$ 的時間內），開關節點的電位固定為零伏，因為電容 Cp 先被充電至 V_{in}，二極體 $D1$ 正極的電位為 $-V_{\text{IN}}$，故二極體 $D1$ 為逆向偏壓，通過電容 Cp 的電流即為電感 $L2$ 的電流 I_{L2}。當開關在 $(1-D) * T$ 的時間內關閉時，電流 I_{L2} 流過二極體 $D1$，同時間電流 $IL1$ 流入電容 Cp 對電容充電。

$$D \cdot T \cdot I_{\text{L2}} = (1 - D) \cdot T \cdot I_{\text{L1}}$$

已知 $I_{\text{L2}} = I_{\text{OUT}}$，故

$$I_{\text{L1}} = Aa\_xxx \cdot I_{\text{OUT}}$$

輸入功率等於輸出功率除以效率，所以電感電流 I_{L1} 與輸入電壓 V_{IN} 非常有關，對特定的輸出功率而言，若輸入電壓 V_{IN} 下降則電感電流 I_{L1} 上升。已知電感電流 I_{L2}

（但用平均輸出電流 I_{OUT} 代入）會在 $D*T$ 的時間內流入電容 Cp，電容 Cp 需滿足下式才能讓電容的漣波電壓 ΔVcp 佔電容電壓 Vcp 的比例很小（ gamma $= \dfrac{\Delta Vcp}{Vcp} = 1\%$ ～ 5%），最糟的情況發生在輸入電壓 V_{IN} 最小時。

$$Cp > \frac{I_{OUT} \cdot D_{min} \cdot T}{gamma \cdot V_{IN\_MIN}}$$

藉由提高切換頻率，電容 Cp 可用小電容值的積層陶瓷電容，但所選用的電容要能忍受由其內部等效串聯電阻 Rcp 所引起的功率消耗 Pcp。

$$Pcp = Aa\_min * Rcp * I_{OUT}^2$$

MOS 電晶體切換開關的汲極對源極電阻以及所串聯的用於限制最大電流的電流檢測電阻可合併為 Rsw，會造成下列的損耗：

$$Psw = Aa\_min * (1 + Aa\_min) * Rsw * I_{OUT}^2$$

電感 $L1$ 和 $L2$ 的內部電阻 P_{RL1} 和 P_{RL2} 的損耗可由下列公式輕易地算出：

$$P_{RL1} = Aa\_min^2 * R_{L1} * I_{OUT}^2$$
$$P_{RL2} = R_{L2} * I_{OUT}^2$$

在計算二極體 $D1$ 的損耗時，其平均功率損耗是由輸出電流 I_{OUT} 和二極體 $D1$ 的順向電壓降 V_D 所引起：

$$P_{D1} = V_D * I_{OUT}$$

電感 $L1$ 的總漣波電流 ΔI_{L1} 佔電感電流 I_{L1} 的比例 β 應在 20% 至 50% 之間，β 的最壞情況發生在 V_{IN} 最大時，因此時 ΔI_{L1} 最大而 I_{L1} 最小，假設 β = 0.5：

$$L1\_min = \frac{2 \cdot T \cdot (1 - D_{\max}) \cdot V_{\text{IN\_MAX}}}{I_{\text{OUT}}}$$

在選用電感 $L1$ 時可用與計算值最接近的標準電感值,並確保其飽和電流符合下列條件式:

$$I_{L1\_SAT} \gg I_{L1} + 0.5 \cdot \Delta I_{L1} = \frac{Aa\_min \cdot I_{\text{OUT}} + 0.5 \cdot T \cdot D\min \cdot V_{\text{IN\_Min}}}{L1}$$

電感 $L2$ 的計算與電感 $L1$ 相似:

$$L2\_min = \frac{2 \cdot T \cdot D_{\max} \cdot V_{\text{IN\_MAX}}}{I_{\text{OUT}}}$$

$$I_{L2\_SAT} \gg I_{L2} + 0.5 \cdot \Delta I2 = \frac{I_{\text{OUT}} + 0.5 \cdot T \cdot D_{\max} \cdot V_{\text{IN\_MAX}}}{L2}$$

若電感 $L1$ 與電感 $L2$ 繞在相同的磁芯上,則選用的電感要大於計算出的兩個電感值。在使用單一磁芯時,此兩個繞組應用雙絞線(在對磁芯繞線前先把電線彼此纏繞),因此會有相同的圈數和相同的電感值;要不然,此兩個電感繞組的電壓會不同,而電容 Cp 則會讓此電壓差短路。若電感繞組電壓相同,則會產生相等的電流和相同的電流增加率,換言之,兩個繞組的互感值會相等,因此,每個獨立繞組(不連接至另一個繞組時)所量測的電感值應僅為電感 $L1$ 和電感 $L2$ 計算值的一半。

因為兩個繞組間不會有太大的電壓差,故可同時繞線以節省成本。當兩組繞線的截面積相等時,因電流 I_{L1} 和 I_{L2} 不同,故電阻性損耗也會不同。但因損耗平均分配在兩個繞組時的總損耗最低,故繞線截面積最好是依載送的電流而定,而這在利用包含多股絕緣電線以抵消集膚效應的 Litz 電線來進行繞線時特別容易計算。最後還要考慮到磁芯尺寸,所選用的磁芯在預期最高磁芯溫度下的飽和電流應遠大於總電感電流 $I_{L1} + I_{L2} + \Delta I_{L1}$。

輸出電容 C_{OUT} 的目的是把由二極體 $D1$ 在關閉時間 T_{OFF} 提供的電流脈波平均掉,此電容要能處理電流值很大且重複出現的湧流,而且等效串聯電阻值和自感值都要

低。幸運的是，陶瓷電容和塑膠薄膜電容皆可滿足這些要求。輸出電容 C_{OUT} 的最小值是由使用者可忍受的輸出漣波電壓值 ΔV_{OUT} 所決定：

$$C_{OUT} \geq \frac{Aa\_min \cdot I_{OUT} \cdot D_{min} \cdot T}{\Delta V_{OUT}}$$

實際上的輸出電容值要遠大於上述計算值，尤其在負載電流包含高能脈波時。相反的，因為 SEPIC 電路本身的濾波特性，輸入電容 C_{IN} 可以很小，通常僅用輸出電容 C_{OUT} 的十分之一。

$$C_{IN} = C_{OUT}/10$$

SEPIC 電路的整體轉換效率 η 可由 V_{IN} 和 Aa 預估，如下式所示。此估計結果並不太正確，因為未考慮到切換暫態損耗或磁芯損耗等，實際的轉換效率可能會遠低於此。

$$\eta = V_{OUT}/AaV_{IN}$$

最後要注意的是切換開關 SW 和二極體 $D1$，這些元件的額定電壓應有比崩潰電壓高 15% 的邊限：

$$V_{DS}(\text{switch}) > 1.15(V_{OUT} + V_D + V_{IN})$$
$$V_R(\text{diode}) > 1.15(V_{OUT} + V_{IN})$$

範例

假設輸入電壓 V_{IN} 的範圍在 50-150V 之間，輸出電壓 $V_{OUT} = 15V$ 且最大輸出電流為 $I_{OUT} = 1A$。假設操作的切換頻率為 200kHz，故切換週期 T = 5μs。由 $\frac{V_{OUT}}{V_{IN}} = \frac{D}{1-D}$，可得最大工作週期 $D_{max} = 0.231$ 以及最小工作週期 $D_{min} = 0.091$。代

入下列公式可得到電感 $L1$、$L2$ 和電容 Cp。

$$L1_{min} = 2T(1 - D_{max})V_{IN\_MAX}/I_{OUT}$$
$$L1_{min} = 10^{-5} * 0.769 * 150/1 = 1.15mH, \text{ let } L1 = 1.5mH$$
$$L2_{min} = 2TD_{max}V_{IN\_MAX}/I_{OUT}$$
$$L2_{min} = 10^{-5} * 0.231 * 150/1 = 0.347mH, \text{ let } L2 = 0.47mH$$
$$Cp > I_{OUT} \cdot D_{min}T/(\text{gamma} \cdot V_{IN\_MIN})$$
$$Cp > 1 * 0.091 * 2 * 10^{-5}/(0.05 * 50) = 728nF$$

此電容 Cp 可選用 1μF。

接著再用 $D_{xxx} = Aa_{xxx}/(1+Aa_{xxx})$，其中的 xxx 可用最低值 min、典型值 typ 或最大值 max 代入。因 Aa_{min} 發生在 $D_{min} = 0.091$ 時，故可求出 $Aa_{min} = 0.1$。再代入下式求出輸出電容 C_{OUT}。

$$C_{OUT} \geq Aa\_min \cdot I_{OUT} \cdot D_{min} \cdot T/\Delta V_{OUT}$$
$$C_{OUT} > 0.1 * 1 * 0.091 * 2 * 10^{-5}/0.1.$$
$$C_{OUT} \gg 1.82μF$$

輸出電容 C_{OUT} 可選用 100μF。接著由輸入電容 C_{IN} 和輸出電容 C_{OUT} 的關係

$$C_{IN} > C_{OUT}/10$$

可將輸入電容 C_{IN} 設為 10μF。

經由上述步驟可算出重要元件的元件值，設計者剩下的工作是挑選適當且可獲得的零件。

7.3　降升壓型轉換電路

與 Cuk 和 SEPIC 的升降壓型轉換電路不同的是，降升壓型轉換電路僅用單一個電感，實際上即為返馳型轉換電路，將在第 9 章中討論。

7.4　升降壓兩用型電路設計的常見錯誤

升降壓型電路的兩個電感均操作在連續導通模式，故選用的電感值應高於計算值，以容許誤差並避免飽和效應（電流增加時電感值下降的效應）。故在算出電感值後，應加上 20%，再選用較高一級的標準電感值。

電感的額定電流通常是以磁芯溫度升高至 40℃時為標準，若溫度上升嚴重時，則應選用額定電流值較高的元件。

7.5　結論

當 LED 負載電壓可能會比電源電壓高或低時，升降壓兩用型電路是種理想的轉換電路。此外，當電源電壓與 LED 負載電壓在最遭情況下不超過 20% 時，也應使用升降壓兩用型轉換電路。故若 LED 負載電壓最高為 20V 而電源電壓最低為 23V 時，其電壓差為 3V，也就是 3/20 = 0.15 或 15%，此時應用 Cuk 或 SEPIC 轉換電路。當電源電壓高於負載電壓超過 20% 時，應用降壓型轉換電路；而當電源電壓低於負載電壓超過 20% 時，則應用升壓型轉換電路，因為升降壓兩用型轉換電路的效率低於降壓型轉換電路和升壓型轉換電路。

第八章
具有功率因素校正的 LED 驅動電路

LED Drivers with Power Factor Correction

8.1 功率因素校正

功率因素校正 PFC 是用在以交流電源供電的電路中，功率因素大代表交流電流與交流電壓的相位比較接近。純電阻性負載的功率因素為 1，但主動性負載（電容性或電感性負載）除非已用特定的方法校正過，否則功率因素僅約 0.5 而已。

最常見的功率因素校正電路是升壓型轉換電路，先把交流電源的電壓升壓至約 400V，並把送進儲存電容內的電流脈衝振幅安排成弦波形式，這可藉由在固定週期的短時間內切換電流為導通狀態而達成，因為電源電壓上升及下降時，電流振幅也會上升及下降。典型的功率因素校正電路如圖 8.1 所示。

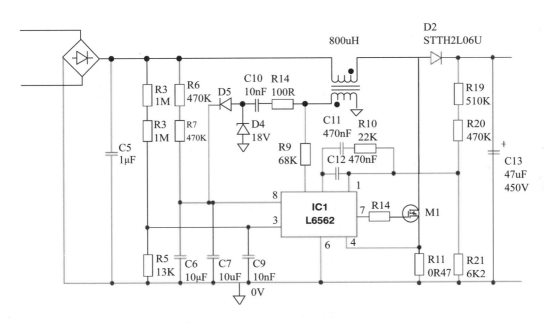

圖 8.1　功率因素校正電路

另一種簡單的功率因素校正電路是返馳型電源供應器，此電路通常會在達到特定的電流大小時切換關閉主要電流，以得到固定的平均電流。為得到高功率因素，主要電流應以固定的導通時間切換，讓電流振幅的升降與電源電壓同相位。次要電流會以交流電源兩倍的頻率升降，故需要用電容值大的次要電容吸收漣波以免輸出電壓出現明顯的漣波。

　　利用功率因素校正電源供應器驅動 LED 時，通常會需要一個簡單的降壓型轉換電路，因為電壓非常高（約 400V）。不過也有其他的替代方案；就是 Bi-Bred 轉換電路以及降升降壓型 BBB 轉換電路。

8.2　Bi-Bred 轉換電路

　　Bi-Bred 轉換電路與上一章討論的 Cuk 升降壓型轉換電路非常像，如圖 8.2 所示。

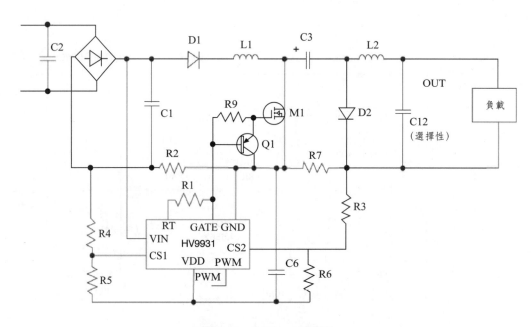

圖 8.2　Bi-Bred 電路

　　Cuk 與 Bi-Bred 轉換電路的主要差異在於，Bi-Bred 電路中的輸入電感操作在不連續導通模式 DCM 而輸出級則操作在連續導通模式 CCM。電感內儲存的能量與電感值成正比，這表示此電路設計中的輸入電感 $L1$ 可儲存的能量要很小，小到讓電感在每個切換週期結束前即停止導通，也就是輸入電感值必需非常小；而輸出電感 $L2$ 可儲存的能量要很大，大到在每個切換週期結束時電流約僅會下降到其應有電流值的 85%，也就是輸出電感要很大。

當電源啟動時，MOS 電晶體 *M*1 還在關閉狀態，並等待第一個時脈訊號觸發閘極驅動脈衝。此時，電源經由二極體 *D*1 及電感 *L*1 對儲存電容 *C*3 充電，不過電壓不會升到非常高，因為當 MOS 電晶體 *M*1 切換到導通時，充電電流會被導向到 0V 的迴路線。當 MOS 電晶體 *M*1 導通時，通過電感 *L*1 的電流振幅仍會提升，直到電阻 *R*2 上的電壓降足以使 HV9931 的內部比較器觸發，讓 MOS 電晶體 *M*1 關閉為止。到此部分的輸入電路類似升壓型轉換電路，因為通過電感 *L*1 的電流不會立刻改變，並會把電容 *C*3 充電到高壓。

在下一次 MOS 電晶體 *M*1 切換到導通狀態時，電容 *C*3 儲存的電能會用以驅動電流通過 LED 負載，通過電感 *L*2 和 LED 負載的電流會一直增加直到電阻 *R*7 上的壓降足以觸發第二內部比較器並讓 MOS 電晶體 *M*1 再次關閉為止。電感 *L*2 的電流會通過二極體 *D*2 以維持通過 LED 負載的電流。注意，在此電流路徑內並無電流檢測電阻，因為到 MOS 電晶體 *M*1 再次導通前都不需要測量電流大小；此外，無電流檢測電阻還可減少功率損耗。

Bi-Bred 電路的輸出架構為降壓級。輸出能量由大電容值的儲存電容 *C*3 供給，電容值大可在整個交流週期提供幾乎固定的供應電壓，而對輸出級供應固定的電容電壓表示在驅動 LED 負載時有固定的切換工作週期。當在驅動負載以固定工作週期切換時，Bi-Bred 電路的交流輸入電流近似弦波，故大電容值的 *C*3 有助於提供一良好的功率因素。

切換的工作週期為 $\dfrac{V_O}{V_I} = \dfrac{D}{1-D}$，或可表示為 $D = \dfrac{V_O}{V_I + V_O}$，故在輸入電壓 $V_{in} = 350V$ 以及輸出電壓 $V_o = 3.5V$（典型的白光 LED 壓降）時，工作週期 $D = \dfrac{3.5}{350+3.5} = \dfrac{3.5}{353.5} = 0.99\%$。對簡單的降壓型轉換電路來說，這表示預期的工作週期近似於 1%，難以適當地切換，也就是說，Bi-Bred 電路非常不適用於驅動燈數少的 LED 串路。

8.3 降升降壓型轉換電路

降升降壓型 BBB 轉換電路是 Supertex 公司的專利電路，如圖 8.3 所示。從某些

方面來說，降升降壓型電路與 Bi-Bred 電路很像，除了兩個控制電流的二極體 $D1$ 與 $D2$ 方向外。

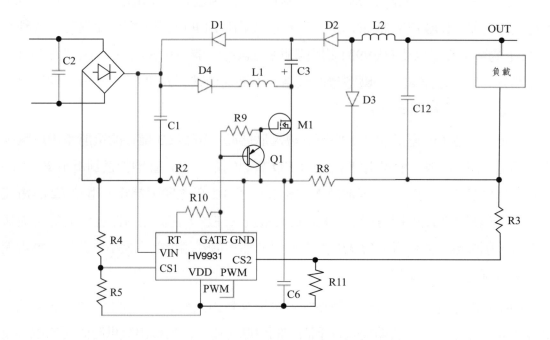

圖 8.3　降升降壓型轉換電路

　　與 Bi-Brid 電路類似的是，輸入電感操作在不連續導通模式 DCM 而輸出級則操作在連續導通模式 CCM。電感內儲存的能量與電感值成正比，這表示此電路設計中的輸入電感 $L1$ 可儲存的能量要很小，小到讓電感在每個切換週期結束前即停止導通，也就是輸入電感值必需非常小；而輸出電感 $L2$ 可儲存的能量要很大，大到在每個切換週期結束時電流約僅會下降到其應有電流值的85%，也就是輸出電感要很大。

　　當電源啟動時，MOS 電晶體 $M1$ 還在關閉狀態，並等待第一個時脈訊號觸發閘極驅動脈衝，此時，電容 $C3$ 尚未充電。當 MOS 電晶體 $M1$ 導通時，通過電感 $L1$ 的電流振幅開始提升，直到電阻 $R2$ 上的電壓降足以使 HV9931 的內部比較器觸發，讓 MOS 電晶體 $M1$ 關閉為止。輸入電路為飛輪模式，因為通過電感 $L1$ 的電流不會立刻改變，並會把電容 $C3$ 充到相當高的電壓，此電壓通常在輸入電壓和輸出電壓之間。

在下一次 MOS 電晶體 *M*1 切換到導通狀態時，電容 *C*3 儲存的電能會用以驅動電流通過二極體 *D*2、電感 *L*2 和 LED 負載。通過電感 *L*2 和 LED 負載的電流會一直增加直到電阻 *R*8 上的壓降足以觸發第二內部比較器並讓 MOS 電晶體 *M*1 再次關閉為止。電感 *L*2 的電流會通過二極體 *D*2 以維持通過 LED 負載的電流。注意，降升降壓型電路類似 Bi-Brid 電路，在此電流路徑內並無電流檢測電阻，因為到 MOS 電晶體 *M*1 再次導通前都不需要測量電流大小；此外，無電流檢測電阻還可減少功率損耗。

降升降壓型電路的輸出架構為降壓級。輸出能量由大電容值的儲存電容 *C*3 供給，電容值大可在整個交流週期提供幾乎固定的供應電壓，而對輸出級供應固定的電容電壓表示在驅動 LED 負載時有固定的切換工作週期。當在驅動負載以固定工作週期切換時，降升降壓型電路的交流輸入電流近似弦波，故大電容值的 *C*3 有助於提供一良好的功率因素。

實際上，電容 *C*3 的電容值會有所限制，特別是在使用塑膠薄膜電容時，這表示電容 *C*3 上會有一些頻率為交流電源頻率兩倍的電壓漣波，例如電源頻率為 60Hz 則漣波頻率為 120Hz。漣波電壓的影響是會在輸入電流產生二次諧波訊號，因而減少功率因素。藉由加上如圖 8.4 所示的簡單電路可減少二次諧波，此電路可由漣波電壓調變 MOS 電晶體 *M*1 的關閉時間，並以負回授減少二次諧波。

當 MOS 電晶體 *M*1 導通時，電容 *C*3 上的電壓會加到電容 *C*11 上，此電容 *C*11 會對電容 *C*5 充電，而在每個切換週期之間，電容 *C*5 會透過電阻 *R*7 放電。電容 *C*3 上的漣波電壓會調變電容 *C*5 上的平均電壓。電容 *C*7 作為直流阻隔器，僅讓調變的訊號通過電容 *C*5，而不讓任何的直流電壓改變 MOS 電晶體 *M*1 的關閉時間，因為當電容 *C*5 上的電壓上升或下降時，通過電阻 *R*6 的電流也會增加或減少，因而讓關閉時間縮短或延長。

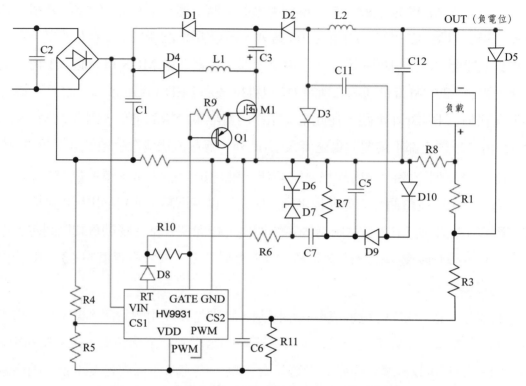

圖 8.4　具有諧波減少電路的降升降壓型轉換電路

降升降壓型轉換電路切換的工作週期為 $\dfrac{V_O}{V_I} = \dfrac{D^2}{1-D}$，或可表示為

$D = \dfrac{-V_O \pm \sqrt{V_O^2 + 4 \cdot V_I \cdot V_O}}{2 \cdot V_I}$，故在輸入電壓 $V_{in} = 350V$ 以及輸出電壓 $V_o = 3.5V$（典

型的白光 LED 壓降）時，工作週期 $D = \dfrac{-3.5 \pm 70}{700} = \dfrac{66.5}{700} = 9.5\%$。對低壓的負載來

說，此工作週期明顯大於 Bi-Bred 電路或降壓型轉換電路，這表示降升降壓型轉換電

路較適於驅動燈數少的 LED 串路。

8.4　功率因素校正電路的常見錯誤

最常見的錯誤是電感 $L1$ 使用標準電感。電感的尺寸與磁性飽和程度以及電阻

性加熱有關，所以電感可能會標示為平均電流 $I(av) = 500mA$ 以及飽合電流 $I(sat) =$

400mA。對此可通過 500mA 電流的電感來說，當溫度上升到例如 40℃時，400mA 的電流即會達到磁性飽和而讓電感值下降，比如說下降 10%。若此電感用在峰值電流為 400mA 的功率因素校正電路時，將會過熱，故在電路中應使用額定飽和電流值更高的電感，以免操作時溫度增加過高。

另一項錯誤在於電感製造商通常不會特別指明磁性損耗。磁性飽和程度與材料有關，鐵氧體磁芯的最大磁通密度通常為 200mT（其他的材料可能會較高），在設計鐵氧體磁芯的電感時，製造商會以上述值為設計基礎。也就是對鐵氧體磁芯電感而言，考慮到磁性損耗要低，把磁通密度設計在約 50mT 會是較佳的選擇。

8.5 結論

本章並未詳細討論功率因素校正電路的設計與分析，只是告訴讀者一些可能選擇並指出其限制。舉例來說，驅動單顆 LED 可用降升降壓型電路，但驅動整串 LED 可用 Bi-Bred 轉換電路或用功率因素校正電路加上降壓型轉換電路。

ST Microelectronics 公司以及 Supertex 公司的應用手冊詳細地說明功率因素校正、Bi-Bred 和降升降壓型轉換電路。這些有專利且專業化的解決方案仍在不斷的演進，有興趣的讀者可查閱這些應用手冊以瞭解最新的設計。

第九章
返馳型轉換電路
Fly-Back Converters

傳統返馳型轉換電路所用的電感至少有兩個線圈繞組（實際上即變壓器）。以兩個繞組的線圈為例，其一是初級繞組，一端接電源而另一端則透過開關接地；另一是次級繞組，接到負載上。此電路的配置如圖 9.1 所示，當開關導通時，初級繞組的電流增加，把磁能儲存在電感上；當開關關閉時，電流流出次級繞組而釋放磁能。

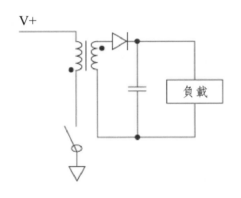

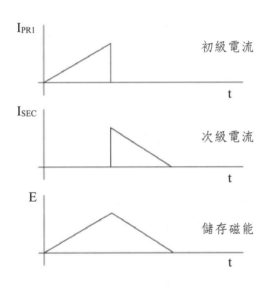

圖 9.1　返馳型轉換電路的基本原理

能量的釋放過程也就是所謂的返馳，此名詞來自於早期使用陰極射線管的電視。在陰極射線管內使用變壓器繞組讓射到螢幕上的電子束偏向，在掃描過整個螢幕後，電子束需快速地返馳，以免來不及顯示下一行的畫面。

返馳型電源供應器的設計相當容易，較適用於定電壓輸出電路，而非定電流輸出

電路。因為能量是在短時間內存於大電容值的儲存電容中，而控制電容之平均電壓的回授電路較為簡單。

如果返馳型轉換電路的次級繞組與初級繞組相隔離，則可設計出與 LED 負載隔離的驅動電路。有的萬用電路可能會在初級繞組使用簡單的電流限制技術以控制次級繞組的輸出電流。若需要準確地控制輸出電流時，需用光耦合器的回授電路以維持初級側和次級側之間的隔離。

有些返馳型轉換電路使用單繞組的電感，這些降升壓型控制電路可作為如第 7 章所述之 Cuk 及 SEPIC 升降壓型轉換電路的另種選擇。很明顯的，此種轉換電路不可能作隔離。

9.1 雙繞組返馳型轉換電路

驅動 LED 所用的典型返馳型轉換電路如圖 9.2 所示。在電路圖中，變壓器線圈繞組旁的黑點標示的是繞線的起點（由黑點極性法則可判斷電流的方向），在此電路中，線圈起點連至 MOS 電晶體的汲極，而此汲極會輪流在接地與開路之間交替。汲極和繞組起點上的電壓會在電路切換時改變；相反的，電路外層（線圈繞組的終點）則固定為高電壓，可屏蔽電路內層，以減少電磁輻射。

次級繞組的起點連接至輸出二極體，可避免在 MOS 電晶體導通時讓次級側導通；次級繞組的終點接地可屏蔽次級繞組，減少電磁輻射。在 MOS 電晶體導通時線圈繞組儲存能量，而在 MOS 電晶體關閉時，則藉由讓電流通過輸出二極體及負載而釋放能量。

電感值以及初級線圈對次級線圈匝數比等變壓器特性的計算對電路設計而言非常重要。若希望能量從初級線圈完全轉移至次級線圈，也就是初級線圈產生的磁通量完全轉移至次級線圈，則伏秒乘積除線圈數的值應相等，可表示為

$$\frac{V_{\text{PRI}} \cdot T_{\text{ON}}}{N_{\text{PRI}}} = \frac{V_{\text{SEC}} \cdot T_{\text{OFF}}}{N_{\text{SEC}}}$$

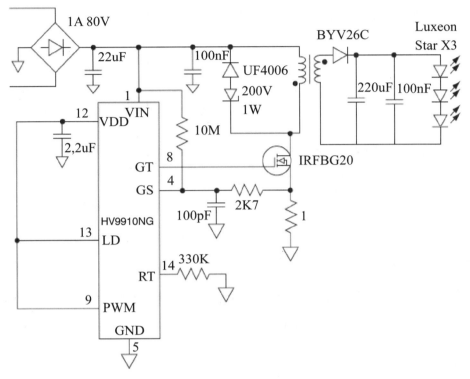

圖 9.2　用於 LED 的返馳型轉換電路

9.1.1　返馳型轉換電路範例

本範例討論的是用三個白光功率 LED 串聯的 3W 隔離式電燈。

假設輸入電源為 48V，MOS 電晶體的導通時間為 5μs，初級線圈對次級線圈匝數比為 1：0.1，驅動的負載為 10V，則 MOS 電晶體的關閉時間為 2.4μs

（ $T_{\text{OFF}} = \dfrac{V_{\text{PRI}} \cdot T_{\text{ON}}}{N_{\text{PRI}}} \cdot \dfrac{N_{\text{SEC}}}{V_{\text{SEC}}} = \dfrac{48 \cdot 5}{1} \cdot \dfrac{0.1}{10} = \dfrac{240}{100} = 2.4\mu s$ ）。因此，切換週期需大於 12.4μs 才能讓變壓器磁芯內的磁能完全移除，低於 65kHz 的切換頻率即可滿足所求，或者可取 60kHz 的切換頻率以多一點頻率邊限。

當切換頻率為 60kHz 時，切換週期為 16.667μs，若平均輸出電流為 350mA，則次級線圈的平均輸出電流為 2.43A（ $I_{\text{SEC, av}} = I_{\text{O, av}} \cdot \dfrac{T_{\text{ON}} + T_{\text{OFF}}}{T_{\text{OFF}}} =$

$350 \cdot \dfrac{16.667}{2.4} = 2430\text{mA}$ ）。因為變壓器繞組的電流會呈線性衰減，故峰值次級電流

應兩倍於此，即 4.86A。次級繞組的電感值可用電感的電壓電流關係 $E = -L \cdot \dfrac{di}{dt}$ 計算

$$L = E \cdot \frac{dt}{di} = 10 \cdot \frac{2.4 \cdot 10^{-6}}{4.86} = 4.94\mu H$$

因為初級繞組的匝數為次級繞組的 10 倍，其電感值為 100 倍（電感與匝數平方成正比），亦即，初級繞組的電感值為 494μH。

多數的電流模式電源供應器會控制切換開關，讓初級繞組內的電流達到特定的峰值電流時即關閉 MOS 電晶體。因次級繞組的峰值電流為 4.86A 且匝數比為 10：1，可得知所需的峰值初級電流為 486mA（4.86/10 = 0.486A = 486mA）。也可利用電感的電壓電流關係 $E = -L \cdot \dfrac{di}{dt}$ 驗證上述數據，可得 $E = -L \cdot \dfrac{di}{dt} = 494 * 10^{-6} * \dfrac{0.486}{5 * 10^{-6}} = 48V$。

此種電路設計的一項問題是，當負載的 LED 電壓改變時 LED 電流也會改變，因為設計時以特定的輸出電壓為基準。當輸入電壓為定值時，此設計實際上為定功率輸出的電路，對不重要的電路來說還好，但當輸入電壓改變時又會如何？

較高的輸入電壓表示會以較短的時間達到電流限制，也就是工作週期會變短，而初級繞組的伏秒乘積並不會改變。實際上，電流檢測比較器的固有延遲會讓輸入電流超過參考值。因為比較器的延遲為定值，而電流上升速率隨著輸入電壓增加，所以超過的電流值會隨著輸入電壓的增加而增加。在電源線及電流檢測接腳之間加上電阻可補償此超過電流值，此電阻可加上一個隨輸入電壓增加而增的微小直流偏壓，並在電源電壓增加時提早觸發比較器。

上述範例所用的 10V 輸出電壓以及 1：0.1 的匝數比表示在次級側導通時，初級繞組會有 100V 的反射電壓。此反射電壓會加到電源電壓上，所以對於範例中接 48V 電壓的電路來說，MOS 電晶體的額定電壓需要用到 200V 或更高。

上述的設計範例並未考慮到效率，實際返馳型轉換電路的效率約為 90%，故輸入電流約需增加 10% 以供耗損。

在設計定電壓電路時，可讓峰值初級電流比上述範例中的還要大，好讓輸入電壓

範圍可以變動。如有需要時，尚可從輸出回授控制切換開關，以減少初級側的功率。

9.2 三繞組返馳型轉換電路

有些返馳型電源供應器會用到第三個繞組，稱之為自舉繞組或輔助繞組，如圖 9.3 所示，其在電路動作時可用以供電給控制 IC。輔助繞組的繞線方向與次級繞組相同，其電壓可簡單的由輔助繞組對次級繞組的匝數比所決定。在範例中，次級繞組的輸出電壓為 10V，輔助繞組可用相同的匝數，以對控制 IC 提供約 10V 的電壓。

在電路剛啟動時，輔助繞組不會有電壓，所以需要啟動調節電路，例如 Supertex 公司的 LR645 和 LR8 啟動調節器即可從高達 450V 的輸入電壓提供低電壓、低電流的輸出。一旦輔助繞組開始供電後，啟動調節電路就會關閉。在電路圖 9.3 中所用的驅動 ICHV9120 具有內建的啟動調節電路。

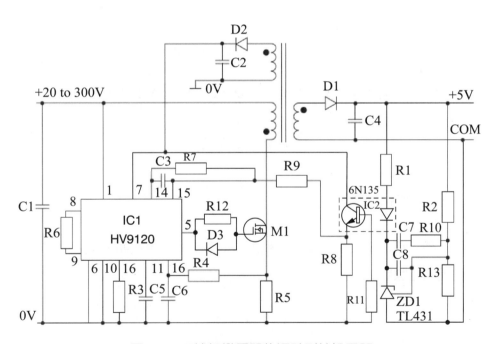

圖 9.3　三繞組變壓器的返馳型轉換電路

9.2.1 返馳型轉換電路的設計規則

在本小節中,討論返馳型轉換電路的設計規則,包括基於可允許之最大工作週期的匝數比選用方法(方法 1),以及基於 MOS 電晶體切換開關之最大工作電壓的最佳匝數比方法(方法 2)。在方法 1 中,基於最大工作週期(在最低輸入電壓時)的設計方法可以有最大的輸入電壓範圍;而在方法 2 中,基於 MOS 電晶體上最大電壓降的設計方法可能會有較低的成本。或者,也可考慮選用基於已知(且固定)匝數比之變壓器的設計方法來設計返馳型轉換電路。

返馳型轉換電路的轉移函數為

$$\frac{V_O}{V_I} = \frac{D}{(1-D)} \cdot N$$

其中,D 為工作週期,N 為次級繞組對初級繞組的匝數比。移項後可求得工作週期 D

$$V_O \cdot (1 - D) = V_I \cdot D \cdot N$$

$$V_O = V_I \cdot D \cdot N + V_O \cdot D = D \cdot (V_I \cdot N + V_O)$$

$$D = \frac{V_O}{(V_I \cdot N) + V_O}$$

方法 1:由最大工作週期求匝數比

利用最低輸入電壓 V_{I_MIN}、輸出電壓 V_O 以及最大工作週期 D_{MAX},可算出次級繞組對初級繞組的匝數比 N 為

$$N = \frac{V_O \cdot (1 - D_{MAX})}{V_{I\_MIN} \cdot D_{MAX}}$$

對工作週期最大為 49% 的脈寬調變控制電路來說,D_{MAX} 通常設為 45%(0.45)。假設工作週期最大為 49% 的原因是,當 $D_{MAX} < 50\%$ 時,此系統原則上為穩定電路,

不需用到複雜的補償電路。

假設用上述範例的 48V 輸出電壓（假設最低值為 46V），以及 10V 輸出電壓（再加上 0.6V 的輸出二極體壓降），並假設工作週期為 45%，則

$$N = \frac{10.6 \cdot (0.55)}{46 \cdot 0.45} = 0.282$$

上述值為最低的匝數比。若為便利起見，選用匝數比為 1：0.33（3：1）的變壓器時，則最大工作週期變為

$$D = \frac{V_O}{(V_I \cdot N) + V_O} = \frac{10.6}{(15.33 + 10.6)} = 0.41（41\%）$$

方法 2：由最大切換電壓求匝數比

次級繞組上的電壓會反射至初級繞組並被線圈匝數比放大，在本章一開始即曾舉例說明過，對匝數比 1：0.1 的變壓器而言，10V 的輸出會在初級繞組上引起 100V 的電壓。因此在前一節的範例中，雖然供應電壓僅 48V，卻需用耐壓 200V 的 MOS 電晶體作為初級開關。本方法的目的即是減低 MOS 電晶體開關所需的操作電壓。

因為反射至初級繞組的電壓通常會有振鈴現象，故需用減振電路限制初級繞組的電壓。振鈴電流是由 MOS 電晶體汲極電容、電路寄生電容以及變壓器初級繞組寄生電感之間的共振所引起。變壓器的寄生電感通常稱之為漏電感，因為是初級繞組電感未耦合到次級繞組電感的部份，所以磁場會從此部分漏出。

電路中有時會利用稽納二極體作為減振器。稽納二極體的額定電壓應大於次級（輸出）電壓反射至初級繞組的電壓，否則功率消耗和損耗都會很高。輸出電壓可表示為下式，其中 V_{SW} 為 MOS 電晶體開關的最大壓降，V_Z 為稽納二極體的最大壓降

$$V_O = N \cdot (V_{SW} - V_Z - V_{IN\_MAX})$$

為求出正確的次級繞組電壓，應在輸出電壓加上輸出二極體的順向電壓降 V_F

$$N = \frac{V_O + V_F}{(V_{SW} - V_Z - V_{IN\_MAX})}$$

考慮到安全邊限，應滿足 $(V_{SW} - V_Z - V_{IN\_MAX}) \geq 10V$。

同樣用上述範例中的輸入電壓 48V，可用耐壓 100V 的 MOS 電晶體開關和耐壓 33V 的稽納二極體。因輸出電壓為 10V，加上二極體順向壓降 V_F 後的次級繞組電壓為 10.6V。代入上式後可得到匝數比 N

$$N = \frac{10 + 0.6}{(100 - 33 - 48)} = \frac{10.6}{19} = 0.558$$

可選用匝數比為 1：0.5（$N = 0.5$）的變壓器。由次級繞組引起的初級反射電壓為 21.2V（10.6 / 0.5 = 21.2V），仍低於稽納二極體的額定電壓 11.8V（33 − 21.2 = 11.8V），可提供合理的邊限以減少功率損耗。MOS 電晶體汲極上的峰值電壓可限制在 48V + 33V = 81V。

當匝數比為 1：0.5 時，用最低輸入電壓 46V 對應到的最大工作週期為

$$D = \frac{V_O}{(V_I \cdot N) + V_O} = \frac{10.6}{23 + 10.6} = 0.315 \text{（31.5\%）}$$

電感計算

在用上述的任一種方法得到匝數比以及最大工作週期 D_{MAX} 後，可決定電感值以及切換電流。下面係以方法 1 所得到的最大工作週期 41% 為例來討論。首先可由下式計算輸入功率與輸出功率之間的關係

$$P_{IN} = \frac{P_{OUT}}{\eta}$$

此範例的輸出功率為 $10V \times 0.35A = 3.5W$，效率假設為 85%，則輸出功率為 4.12W（3.5 / 0.85 = 4.12W）。在輸入電壓 V_{IN} 最低 46V 時的輸入平均電流 I_{AV} 和輸入峰值電流 I_{PK} 可由下列公式計算

$$I_{AV} = \frac{P_{IN}}{V_{IN}} = \frac{4.12}{6} = 0.09A$$

$$I_{PK} = \frac{2 \cdot I_{AV}}{D_{MAX}}$$

代入最大工作週期 D_{MAX}41%，可得

$$I_{PK} = \frac{2 \cdot 0.09}{0.41} = 0.439A$$

對 60kHz 的切換頻率而言，切換週期僅 16.667μs，當工作週期為 41% 時，開關的導通時間為 6.835μs，所以初級繞組的電流需在 6.835μs 內提升至 439mA，可算出初級繞組的電感 L_{PRI} 為

$$L_{PRI} = \frac{V_{IN} \cdot dt}{dI} = \frac{46 \cdot 6.835 \cdot 10^{-6}}{0.439} = 716μH$$

次級繞組的匝數為初級繞組的 1/3，所以次級繞組的電感值為初級繞組的 1/9（1/3 的平方），或 79.55μH（716 × 1/9 = 79.55μH）。

變壓器的其他設計參數還有磁芯的大小以和磁芯電感係數 AL。在返馳型轉換電路中變壓器的兩半磁芯之間需有氣隙以免磁性飽和，但氣隙變大時，磁芯電感係數 AL 會減小。磁芯的磁通密度 B 與磁芯的截面積 A_C（單位為平方公尺）有關。假設此範例電路使用 Ferroxcube 公司的 E20 磁芯，對此 E20/10/6 磁芯來說，磁芯截面積為 32mm²，也就是 $A_C = 32 \times 10^{-6}$ m²。利用上述的設計參數並假設最大磁通密度為 $B = 200$mT，可算出線圈匝數

$$N = \frac{L_{PRI} \cdot I_{PK}}{A_C \cdot B_{MAX}} \text{(turns)}$$

$$N1 = \frac{716 \cdot 10^{-6} \cdot 0.439}{32 \cdot 10^{-6} \cdot 0.2} = 49$$

$$A_L = \frac{L_{PRI}}{N1^2} = \frac{716 \cdot 10^{-6}}{2401} = 298\text{nH}$$

參考磁芯製造商的規格,並選用磁芯電感係數 AL 低於上述計算值的磁芯(氣隙較大者),適當的 AL 值為 250nH(材料為 3C90,氣隙為 160μm)。當電感值 L 的單位用 nH 時,線圈的匝數可用下式計算

$$N = \sqrt{\frac{L}{A_L}}$$

所以電感值 716μH 要用 716,000nH 代入,可得到初級繞組匝數 $N_{PRI} = 54$($\sqrt{716000/298} = 49$,但取較高的標準線圈值),由此值可輕易地得到次級繞組匝數 $N_{SEC} = 18$,因匝數比為 1/3。

9.3　單繞組返馳型轉換電路(降升壓型轉換電路)

在降升壓型轉換電路中,使用單一個電感繞組同時作為初級繞組及次級繞組之用,如圖 9.4 所示。

電感繞組接在電源以及 MOS 電晶體之間,當 MOS 電晶體導通時,強迫電流通過電感,且電流值會隨著時間幾乎成線性增加。在達到預設的電流大小後,MOFSET 關閉,所以強迫電流通過二極體對電容充電並驅動負載,電感電流會降回至零,並因而釋放掉儲存在磁芯的磁能。與雙繞組返馳型轉換電路類似的是,單繞組返馳型轉換電路可從充電週期的伏秒數等於放電週期的伏秒數來計算。

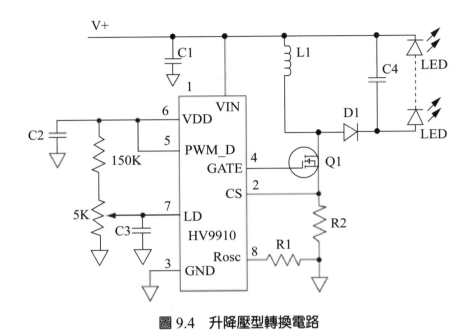

圖 9.4　升降壓型轉換電路

降升壓型轉換電路（連續導通模式）的工作週期可用下列公式表示

$$\frac{V_O}{V_I} = \frac{D}{1-D}$$

$$V_O \cdot (1-D) = V_I \cdot D$$

$$V_O = V_I \cdot D + V_O \cdot D = D \cdot (V_I + V_O)$$

$$D = \frac{V_O}{V_I + V_O}$$

所以，假設輸入電壓 V_{in} = 24V 且輸出電壓 V_{out} = 30V 時，工作週期 D = 30/54 = 0.555。

實際上，因為連續導通模式不易穩定，所以希望採用不連續導通模式，這表示電感電流會在每個週期結束時降至零。假設輸出電流為 350mA 且切換頻率為 100kHz 時，切換週期為 10μs，所以導通時間為 5.55μs（10 × 0.555 = 5.55μs），而關閉時間為 4.45μs（10 − 5.55 = 4.45μs）。在關閉時間內，電感電流會從峰值線性的降至

零,對 350mA 的平均輸出電流來說,在關閉時間內的平均電流應為 350/0.445 = 786.5mA,而峰值電流應加倍於此,即 1.573A(786.5 × 2 = 1573mA = 1.573A)。這表示在導通時間內,電感電流應從 0 增加至 1.573A。

因為電源電壓為 24V,套用大家早已熟悉的公式可求出電感值

$$E = -L \cdot \frac{\mathrm{d}i}{\mathrm{d}t}$$

$$L = E \cdot \frac{\mathrm{d}t}{\mathrm{d}i} = 24 \cdot \frac{5.55 \cdot 10^{-6}}{1.573} = 84.67\mu\mathrm{H}$$

實際上,應該還要加入一些電感不導通電流的空載時間,才能保證操作在不連續導通模式。空載時間還可提供電源電壓容忍度及電感容忍度等等,但空載時間太長表示峰值電流會更高,因而減低電源供應器的效率。

假設此電路可提供 25% 的容忍度,則導通時間為 4.44μs(5.55/(1+0.25) = 4.44μs);而這會讓電感減少 25%

$$L = E \cdot \frac{\mathrm{d}t}{\mathrm{d}i} = 24 \cdot \frac{4.44 \cdot 10^{-6}}{1.573} = 68\mu\mathrm{H}$$

除非峰值電流等比例的增加,否則關閉時間會減少;假設關閉時間維持不變,則峰值電流的變化可由下列公式推導

$$E = -L \cdot \frac{\mathrm{d}i}{\mathrm{d}t}$$

$$-30 = 68 \cdot 10^{-6} \cdot \frac{\mathrm{d}i}{4.45 \cdot 10^{-6}}$$

$$\mathrm{d}i = \frac{-30 \cdot 4.45 \cdot 10^{-6}}{68 \cdot 10^{-6}} = 1.963\mathrm{A}$$

算出的峰值電流如預期般增加 25%(1.963/1.573 = 1.25),而由 MOS 電晶體源極和地之間的電流檢測電阻值可設定此峰值電流。

第 10 章
切換式電源供應器的重要問題
Essentials of Switching Power Supplies

本章會檢視已經討論過的各種驅動技術的優缺點。主要的議題有效率、電磁輻射干擾、成本以及其他與 LED 驅動電路基本功能相關的要求。

10.1　線性調節電路

在第 4 章中，曾經討論到線性調節電路因為效率低所引起的熱散逸問題。雖然有時候線性驅動電路的效率會較高，但 LED 線性驅動電路的效率通常低於切換式驅動電路。舉例來說，假設要用 12V 的電源驅動三個順向壓降皆為 3.5V 的串聯 LED，總壓降為 10.5V。當用線性驅動電路時，壓降差僅 1.5V，效率為 87.5%（10.5/12 = 0.875）。若用切換式 LED 驅動電路時很難達到此效率程度，而且線性驅動電路還不需要濾除電磁輻射干擾。

相反的，當用 12V 電源以線性 LED 驅動電路驅動單顆 LED 時，效率僅 3.5/12 = 29%，若用降壓型切換電路則有接近 90% 的效率，請參考圖 10.1。當需要減少熱量散逸時，效率的高低較為重要；但若是成本為優先考量時，因切換式調節電路需要用電磁輻射干擾濾波器，成本會較高。

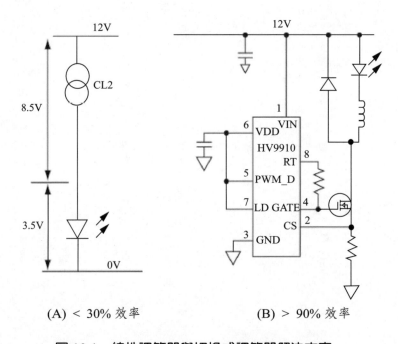

(A) < 30% 效率　　　　　　(B) > 90% 效率

圖 10.1　線性調節器與切換式調節器解決方案

10.2 切換式調節電路

在第 5 至 9 章討論到切換式調節電路，其效率較高，但會產生電磁輻射干擾。第 13 章會說明減少電磁輻射干擾的技術，例如仔細的設計電路板、屏蔽和濾波等。

雖然範例中用的是 Supertex 公司的 LED 驅動 IC，但也可用其他公司功能相近的驅動 IC。舉例來說，Linear Technology 公司的 LTC3783 與 Supertex 公司的 HV9912 功能相近，而 National Semiconductor 公司的 LM5020 為類似 HV9910B 的降壓型控制器。不過，Supertex 公司的驅動 IC 具有內建的高壓調節器，用途更為廣泛。

切換式電源供應器的缺點是會產生電磁輻射干擾。電磁輻射要加以限制才不會干擾到其他系統，而且這是法律規範，電子產品要符合法律標準才能販售。在第 13 章會詳細的討論電磁輻射干擾技術。

相反的，在非常在意電磁輻射干擾的應用中，例如醫藥和汽車電子的應用中，可使用線性 LED 驅動技術。當然，使用線性驅動電路會有效率低的問題，而且會需要散熱器，但就成本和電路尺寸來說還是比用切換式電路要好。

10.2.1 降壓型調節電路的考量點

在第 5 章中開始討論到最簡單的切換式調節電路，即降壓型轉換電路。降壓型電路的負載電壓需小於電源電壓的 85%，否則輸出會難以控制。降壓電路通常用在以交流電源驅動一長串 LED 的 LED 驅動電路中，也會用在輸入電源電壓相當低但僅驅動單顆 LED 的情況中，例如使用 12V 直流的汽車電子應用中。

降壓型調節電路在具有適當順向壓降的整串 LED 負載時（也就是，工作週期很大時），效率可非常高，達 90-95%，這是因為飛輪二極體的功率消耗佔總功率消耗較少的緣故。因為飛輪二極體在 MOS 電晶體關閉的時間才導通，而高工作週期時關閉時間佔總切換週期的比例較小。雖然 MOS 電晶體會在導通時間消耗功率，但 MOS 電晶體開關導通時的電壓降通常會小於飛輪二極體的順向電壓降，故高工作週期時的損耗較小。

　　為能正確的操作，在輸出電流一定會有漣波，因為輸出電流要減少得夠低才能重置電流檢測比較器。輸出漣波電流 ΔI_O 通常設計為輸出電流 I_O 的 20-30%，才可在每個週期把輸出電流降得夠低而不讓電流檢測比較器的雜訊有太大影響。若漣波電流低於輸出電流 I_O 的 10%，則 MOS 電晶體的切換會變得不穩定。LED 串路的輸出電流 I_O 可由下式表示

$$I_O = \frac{V_{TH}}{R_{SENSE}} - \frac{1}{2} \cdot \Delta I_O$$

　　上式的 V_{TH} 為電流檢測比較器的臨界值，而 R_{SENSE} 為電流檢測電阻值。漣波電流會引起輸出電流設定的峰值對平均值誤差，因而需列入考量。當使用定關閉時間控制技術時，漣波電流幾乎與輸入電壓的變化無關，因此，輸出電流也不會受到輸入電壓變化的影響。

　　在 LED 串路加上濾波電容可減少輸出電流的漣波，所以可用較低的電感值或得到較固定的電流，此電容可提供切換電流突波的旁路路徑，除可減少輸出端的電磁輻射干擾外，尚可延長 LED 的使用壽命。要記住的是，峰值對平均值電流誤差還會受到 MOS 電晶體關閉時間 T_{OFF} 變化的影響，因此，電感中的漣波電流越大，越可能犧牲掉初使輸出電流的準確性。

　　設計 LED 驅動電路的另一項重要考量點是電路中的某些寄生元件，包括電感的分佈線圈電容 C_L、接面電容 C_J、飛輪二極體的逆向恢復電容、印刷電路板佈線電容以及 MOS 電晶體的輸出電容 C_{DRAIN}，如圖 10.2 所示。這些寄生元件會造成切換損耗而影響切換式轉換電路的效率。

　　寄生元件可能會讓 LED 驅動 IC 中電流檢測比較器觸發錯誤，特別是在 MOS 電晶體源極以及電流檢測腳位之間的 RC 濾波電路不合適時。對降壓型轉換電路的效率及操作可靠性而言，減少寄生元件是很重要的。

　　電感的線圈電容通常可由廠商的資料手冊直接得知或由自振頻率 SRF 求得

$$SRF = 1/(2\pi\sqrt{L \cdot C_L})$$

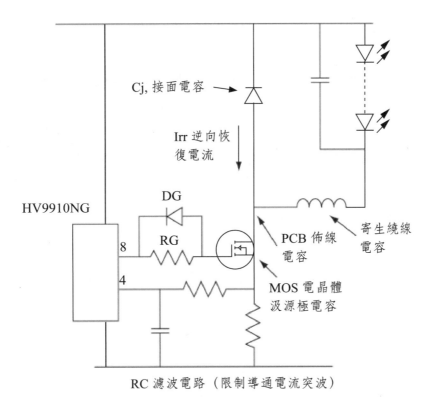

Cj, 接面電容

Irr 逆向恢
復電流

DG

HV9910NG

RG

PCB 佈線
電容

寄生繞線
電容

MOS 電晶體
汲源極電容

RC 濾波電路（限制導通電流突波）

圖 10.2　寄生元件

　　上式的 L 為電感值，而 C_L 即為線圈電容。此電容在每個切換週期的充放電會在 LED 串路上引起很大的電流突波。因此，建議在 LED 串路上加上一小電容 C_0（約 10nF）以如前述般的旁路掉突波。

　　建議使用快速的飛輪二極體整流器以得到高效率並減少電流檢測比較器誤觸發的機率。當 MOS 電晶體導通時，二極體會從順向導通轉變為關閉（逆向偏壓），但此轉變無法立刻完成，因為移除掉半導體內的電荷需花點時間，故在逆向恢復時間 T_{RR} 的短時間內一定會有反向流動的逆向恢復電流。使用逆向恢復時間 T_{RR} 較短且接面電容 C_J 較低的二極體可改善電路特性。二極體的逆向額定電壓 V_R 需大於 LED 的最大輸入電壓。恢復時間很快的二極體的順向電壓降有時會很高，會造成很大的導通損失，在選用二極體時需把此點列入考量。

　　MOS 電晶體汲極輸出所看到的總寄生電容可用下式計算

$$C_P = C_{DRAIN} + C_{PCB} + C_L + C_J$$

當開關導通時，總寄生電容 C_P 對 MOS 電晶體的汲極輸出放電，此放電電流受限於 MOS 電晶體的飽和電流，故高開路阻抗且低飽和電流的 MOS 電晶體會有較低的整體損耗。此現象在工作週期小的時候特別明顯，因為開關導通所佔的時間比例較小，導通損耗較不明顯。注意，MOS 電晶體的飽和電流會隨著接面溫度的上升而降低。

前導邊緣電流突波的持續時間可估計為

$$T_{SPIKE} = \frac{V_{IN} \cdot C_P}{I_{SAT}} + t_{rr}$$

為避免電流檢測比較器的誤觸發，C_P 需根據下式最小化

$$C_P < \frac{I_{SAT} \cdot (T_{BLANK(MIN)} - t_{rr})}{V_{IN(MAX)}}$$

上式的 $T_{BLANK(MIN)}$ 為最小的空白時間，此時間與控制 IC 有關且在約 **300ns** 的數量級。當 MOS 電晶體閘極驅動有作用時，控制 IC 會在此時間內讓電流檢測輸入失效，以免引起前述的切換導通電流突波的誤觸發。$V_{IN(MAX)}$ 為最大的瞬時輸入電壓。

寄生電容 C_P 對 MOS 電晶體的汲極輸出放電與切換功率損耗的大小有關，可用下式估計

$$P_{SWITCH} = \left(\frac{C_P V_{IN}^2}{2} + V_{IN} I_{SAT} \cdot t_{rr} \right) \cdot F_S$$

上式表示最大輸入電壓下的最大切換損耗，其中的 F_S 為切換頻率，I_{SAT} 為 MOS 電晶體的汲極飽和電流。

定關閉時間操作的降壓型轉換電路的切換頻率可用下式表示

$$F_S = \frac{V_{IN} - \eta^{-1} \cdot V_O}{V_{IN} \cdot T_{OFF}}$$

其中的 η 為電源轉換電路的效率。當無法得到固定的切換頻率時，可用典型的 V_{IN} 和 V_O 值代入得到切換頻率值 F_S。

MOS 電晶體汲極輸出在關閉暫態時的切換功率損耗可忽略之，因為連接到切換端的寄生電容很大，使得關閉暫態時的電壓基本上為零伏。

MOS 電晶體的導通功率損耗可用下式計算

$$P_{COND} = D \cdot I_O^2 \cdot R_{ON}$$

其中的 $D = V_O/\eta V_{IN}$ 為工作週期，而 R_{ON} 為導通電阻。

降壓型轉換電路的交流輸入級

離線式的 LED 驅動電路需要橋式整流器以及輸入濾波器；為得到良好的電磁輻射防治，輸入濾波器的選用相當重要。

在橋式整流器之後可用鋁質電解電容器以免輸入電壓在跨越零伏時（整流過後的弦波或疊加弦波的頂端）LED 電流會中斷。由經驗法則可得知，每瓦的輸入功率需要 2 ～ 3μF 的電容值。此外，利用電解電容尚可吸收交流電源上出現的電壓突波。

在電源啟動時，大電容值的輸入電容會造成令人無法接受的大電流突波，此電流突波會傷害到電解電容，縮短其預期壽命，並傷害到交流電源的開關或電性連接。通常可用具有負電阻係數之熱敏電阻的突波限流器與交流電源串聯以避免突波電流

在電源電路的輸入電容之後需接上電感以讓在切換頻率的訊號看到高阻抗，如圖 10.3 所示，此電感的額定電流需比正常操作下所預期的電流大小還要高。此電感值與需要的訊號衰減程度以及輸入電容的並聯阻抗相關，以符合法律規範的電磁輻射干擾標準。

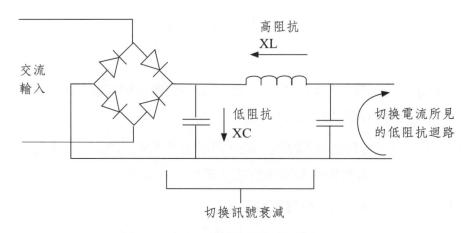

圖 10.3　輸入濾波器的功能示意圖

電感的阻抗為 $X_L = 2 \cdot \pi \cdot F_S \cdot L$，若希望在頻率 100kHz 時以 200 歐姆的阻抗得到預定的衰減時，可使用 330μH 的濾波電感。

在濾波電感器以及地之間的切換側需連接小電容值的電容，以讓轉換電路的高頻切換電流有低阻抗。由經驗法則可得知，每瓦的 LED 輸出功率約需 0.1-0.2μF 的電容值，故驅動單顆 1W 的 LED 時，在電路中可用 100nF 的電容。

10.2.2　升壓型調節電路的考量點

升壓型電路的輸出電壓需超過輸入電壓約 20% 或更高，如第 6 章中所述。除了功率因素校正電路外，升壓型 LED 驅動電路通常是接低壓的直流電。

舉例來說，行動電話的彩色液晶螢幕背光板通常會用便宜的白光 LED，此應用可從 3-4V 的電池供電，利用升壓型調節電路驅動電流為 20mA 的 LED 串路。

另一個例子是平面電視背光所用的高功率紅、藍、綠光（RGB）LED，此三色 LED 可用來組合出液晶螢幕所需的白光並產生各種色彩。在此應用中，升壓型轉換電路由 12V 或 24V 的直流電壓供電以驅動多個串聯的電流 350mA 的 LED，其順向壓降在 40-80V 的範圍內。

為防止 LED 負載切斷時讓電路受損，升壓型調節電路一定要有過電壓保護，否則輸出電壓會持續地升高到元件崩潰為止。在安全特低電壓 SELV 系統的規定中，輸出電壓應低於 42V。

10.2.3　升降壓型調節電路的考量點

當操作在輸入電壓可能高於或低於輸出電壓的環境時，需使用降升壓兩用型或升降壓兩用型電路，在第 7 章中已討論過升降壓兩用型電路。在汽車電子的應用中常可發現此種負載電壓範圍與電源電壓範圍重疊的情況，比如說，電池電壓會隨著引擎轉速和電池狀況變化而大幅地升降。

升降壓轉換電路常見的兩種型式為著名的 SEPIC 電路和 Cuk 電路，這兩種電路很類似，但 Cuk 轉換電路為反相輸出，這表示 LED 的正極要接地。與升壓型電路相同的是，升降壓型電路要有過電壓保護以免開路時的超高壓出現。

因為在輸入端和輸出端均有操作在連續導通模式的串聯電感，故可自動地濾除在電路中間部分切換時所產生的高頻訊號，而且跨在輸入端與輸出端的並聯電容更加強此濾波功能，並提供迴路電流的低阻抗路徑。因此，Cuk 電路和 SEPIC 電路所需的外部濾波器最小。有時會在輸入側加上共模扼流圈，以減少整個電路的輻射損耗。對輸出側來說，只有在接到 LED 負載的電線長度超過約 0.5 公尺時才會需要共模扼流圈。

10.2.4　功率因素校正電路的考量點

功率因素可指示電源電壓和電源電流之間相對的相位關係。功率因素等於 1 表示電壓和電流為同相位，且諧波成分很低；功率因素等於 0 則表示電壓和電流有 90 度的相位差。

在由交流電源供電的半導體電路中，會利用橋式整流器將交流電轉換為直流電，而電流通常會如圖 10.4 所示般在電壓峰值時通過橋式整流器，因為每半個週期才會對電容值很大的平滑化電容充電一次。這些在每個電壓輸入週期頂部短暫出現的充電電流脈衝通常會讓功率因素處在 0.3-0.6 的範圍內。功率因素校正可用主動式或被動式電路，可用以校正相位誤差且減少諧波，並讓功率因素接近 1。高功率的 LED 驅動電路都需要用到功率因素校正電路。

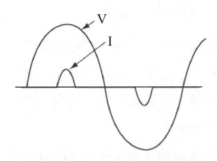

圖 10.4　**主動式電路的交流輸入電壓與電流示意圖**

功率因素佳（接近 1）的電路會有諧波成份低且波形非常近似弦波輸入電壓的輸入電流。在第 8 章中已討論過可提供良好功率因素校正的電路。

10.2.5　返馳型轉換電路的考量點

變壓器耦合的切換式調節電路可以設計成可接受大範圍的輸入和輸出電壓，雖然在高功率的應用中常見到順向轉換電路，但最常見的是返馳型轉換電路，如第 9 章所述。

返馳型轉換電路可設計出與 LED 負載隔離的驅動電路設計，且效率仍可達約 90%，只是會增加成本和複雜度。若可接受較大的電流調節容忍度，則可設計出較簡單且便宜的電路。若要較高的準確度則需要用隔離的回授電路，通常是用光耦合器、可調節並聯穩壓器（例如 TL431 或類似元件）加上幾個被動元件所構成。

與降升壓型轉換電路相比較，返馳型轉換電路具有步升或步降輸出電壓的優點，即便是單繞組電感的返馳型轉換電路亦有此優點。單繞組電感的初級側和次級側用同一組線圈繞組，匝數比為 1：1，設計規格比雙繞組電感嚴格，但成本較低。

從定義上來說，返馳型轉換電路屬一種不連續導通模式轉換電路；在第一步驟中先從輸入電源取得能量，接著在第二步驟再把能量轉移到輸出，如圖 10.5 所示，而這表示在輸入側和輸出側都需要仔細地濾除電磁輻射。在輸出側需要用大電容值的輸出電容，以維持轉換電路在第一步驟時 LED 中的電流流動。結果是返馳型電路難以利用脈寬調變電流來調整 LED 的亮度，因為電容中儲存的能量會試著把輸出電流維持在定值，所以適當的調光範圍很小。

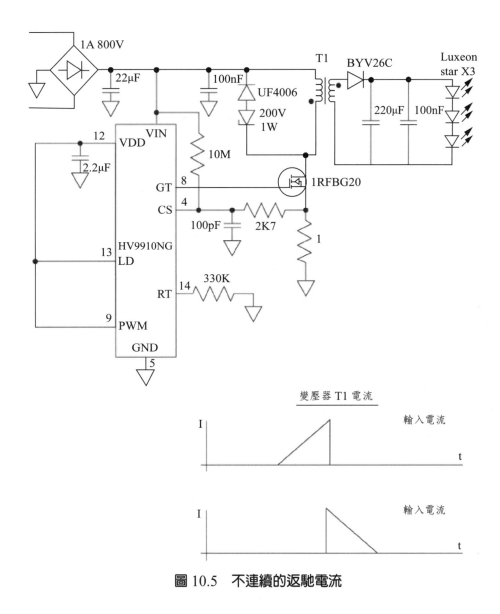

圖 10.5　不連續的返馳電流

10.2.6　突波限流器

因為幾乎所有的電路都會有去耦合電容，所以接上電源時會有突波電流，此電流非常大，會瞬間加熱電容並讓串聯的開關接點或元件受損。使用被動式或主動式的突波限流器可減低此傷害。

對接交流電的應用來說，常用負電阻係數 NTC 的熱敏電阻限制大電流，在通電

時，流過的電流會加熱熱敏電阻並降低電阻值以減少損耗，如圖 10.6 所示。

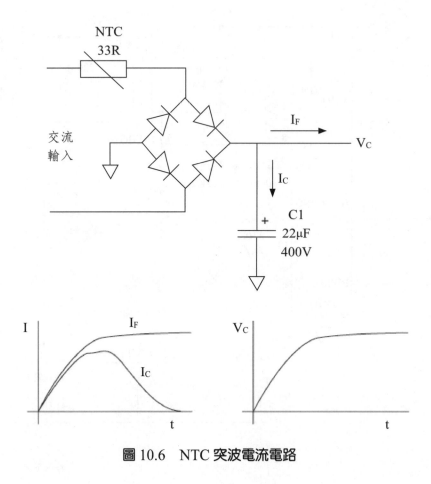

圖 10.6　NTC 突波電流電路

對直流應用來說，常用主動式突波限流器，因為在不需要限制突波電流時的正常操作的損耗較小，其電路如圖 10.7 所示。

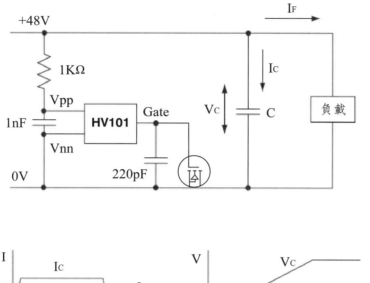

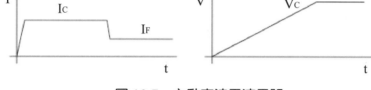

圖 10.7　主動突波電流電路

10.2.7　軟啟動技術

　　有的電路需要控制輸入電流以免電源啟動時出現大電流突波，這可避免突波電流引起的火花讓開關接點受損。當然，可以使用上述的突波電流限制技術，但有時還是需要控制輸出功率。

　　例如，用交流電驅動一或兩顆功率 LED 的雙降壓型電路可能會用到軟啟動技術。此電路的典型應用是室內照明，因為使用壽命以及體積的關係不能使用電解電容，但用聚酯薄膜電容表示在切換週期間會有電壓掉落的問題，而因輸出功率通常為定值，也就是說輸入電流在輸入電壓掉落時會有突波。輸入電流的突波會有電磁輻射干擾的問題，且表示功率因素非常差。若有控制輸出電壓，也就是說可減少電源電壓的掉落，可維持切換時的輸入電流在定值。加上一個串聯在電源及控制 IC 之間的稽納二極體可進一步地改善功率因素。

　　把 RC 濾波器接到類比調光輸入（例如 HV9910B 的線性調光腳位）亦可實現軟

啟動技術，讓啟動時的電流很低，並隨著電容充電而增大電流。當然，此電路會需要一種在切斷 IC 電源後對此電容放電的技術，把二極體接至 V_{dd} 可減少放電時間，如圖 10.8 所示。

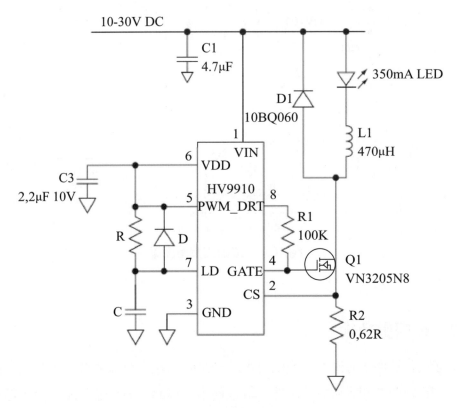

圖 10.8　的軟啟動技術

第十一章
LED 驅動電路的元件選擇
Selectury Components for LED Drivers

本章在實務上非常重要，會討論到不同的材料和元件型號如何影響 LED 驅動電路的特性，並會詳細地顯示元件的實體構造如何造成這些影響。

11.1　半導體元件

半導體材料是由原子所構成，原子具有由帶正電之質子以及不帶電之中子所組成之核心（原子核），而原子核外圍環繞著帶負電的電子，如同行星繞行著太陽一般。當原子結合在一起時，會共享外層軌道（價帶）的電子。半導體通常是由外層軌道具有四顆電子的矽 Si 所組成，而例如矽這種的輕原子，在外層軌道具有八顆電子時最為穩定。

在矽半導體加入原子外層軌道有三個或五個原子的微量材料（摻質）時，當與矽的四個電子結合後，外層軌道會產生有七個或九個電子的不平衡狀態。當摻雜價帶有三個電子的材料時（如硼 B、鋁 Al、鎵 Ga 或銦 In），外層軌道會有七個電子，並有一個缺少電子的空洞（電洞）。電洞類似一個自由的正電荷，而此類半導體被稱為 P 型半導體，如圖 11.1 的 A 示意圖所示。

當摻雜價帶有五個電子的材料時（如磷 P、砷 As 或銻 Sb），外層軌道會有九個電子，這表示多出一個自由的負電荷，而此類半導體被稱為 N 型半導體，如圖 11.1 的 B 示意圖所示。

當 P 型及 N 型半導體相接形成接面時，電洞和自由電子會復合並消失，而固定不動的原子核則分別帶有負電及正電，阻止電洞和自由電子的進一步復合。因而產生了能量障壁，並得到二極體接面，如圖 11.2 所示。

為讓 PN 接面導通，P 型半導體的電位應高於 N 型半導體，以強加灌入更多的正電荷至 P 型半導體，以及更多的負電荷至 N 型半導體。對矽半導體而言，當 PN 接面上的電位差約 0.7V 時會導通，此電位差會給電子足夠的能量跨過能量障壁以讓二極體導通。

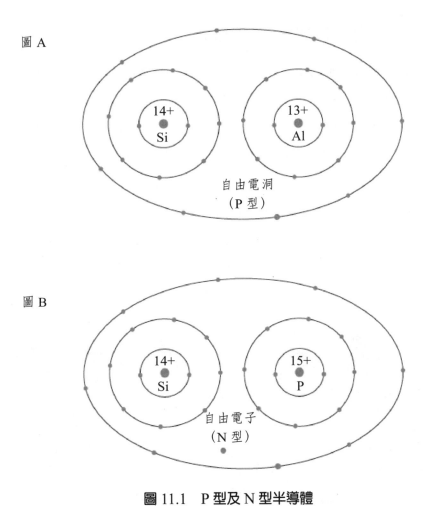

圖 A

14+
Si

13+
Al

自由電洞
（P 型）

圖 B

14+
Si

15+
P

自由電子
（N 型）

圖 11.1　P 型及 N 型半導體

P 型　　　　　　N 型

負電荷　　正電荷

圖 11.2　PN 接面二極體

11.1.1 MOSFET 金氧半場效應電晶體

金氧半場效應電晶體 MOSFET（通常亦可稱之為 MOS 電晶體或 MOS）可作為切換式及線性 LED 驅動電路中的電子開關使用，其操作是藉由半導體中的場效應，也就是用電場吸引或排斥摻雜半導體中的自由電子。MOS 電晶體有閘極 G、D 和源極 S 等三個端點，以及在元件內部連接到源極的第四個基體 B 端。MOS 電晶體的實體構造示意圖如圖 11.3 所示。

注意，源極和基體由源極的金屬接點連結在一起，而基體的 P 型半導體和汲極的 N 型半導體會產生寄生二極體。因汲極的電位通常較基體（及源極）為高，此寄生二極體通常為逆向偏壓，故在實際的應用中通常不用考慮到此寄生二極體。

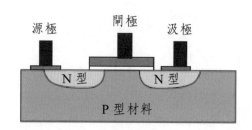
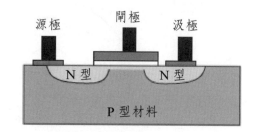

閘源極電壓 = 0V
汲極基體 PN 接面逆向偏壓（不導通）

閘源極電壓 = 10V
閘極正電荷產生 N 型通道

圖 11.3　N 通道 MOS 電晶體構造

為在 MOS 電晶體內部產生導通的通道，需在閘極加上特定量的電壓。此特定的 MOS 電晶體閘極臨界電壓值通常可定義在汲極電流達到 1mA 時，但會依製造商的定義而變。因閘極和基體的絕緣層為介電質，閘源極和閘汲極會有極間電容 C_{gs} 和 C_{gd}，此兩電容通常可在元件規格書內查到。

典型的閘極臨界電壓值範圍在 4V 至 7V 之間；但現在的電路常可見到使用邏輯電路級元件。邏輯電路級元件係定義為開關可在 V_{gs} 等於 5V 時完全的切換；這表示閘極臨界電壓值通常約為 2V；而所謂的標準元件則定義為可在 V_{gs} 等於 10V 時完全的切換。邏輯電路級元件亦可操作在 V_{gs} 等於或大於 10V 時，而此時的導通電阻較低。在相同的額定飽和電流下，邏輯電路級元件通常會有比標準元件更大的閘極

電容。

　　MOS 電晶體有兩種額定電流額定值－峰值電流和連續電流。連續電流額定值與 MOS 電晶體的開路電阻有關，基本上的考量點即為散熱的問題；峰值電流額定值為可流過的最大電流。在設計切換式 LED 驅動電路時，電路電流為脈衝式的，所以峰值電流的額定值非常重要。要注意的是，此額定電流值通常引用 25℃時的數值，但在 100℃時，此峰值電流僅約引用值的一半。經驗法則告訴我們，選用的 MOS 電晶體峰值電流額定值應為電路中所需數值的三倍。

　　在 MOS 電晶體連接至負載但關閉時，汲極為高電位。當閘極電壓升高時，MOS 電晶體導通，而汲極電位下降至接近地電位 0V。因此，閘汲極之極間電容 C_{gd} 在閘極側的電位有稍微提升但在汲極側則大幅下降。在閘極端，閘汲之極間電容 C_{gd} 的等效電容會遠大於其實際值，此即著名的米勒效應，是以發現此現象的工程師名字來命名。圖 11.4 以簡單的 MOS 電晶體電路圖顯示寄生電容。

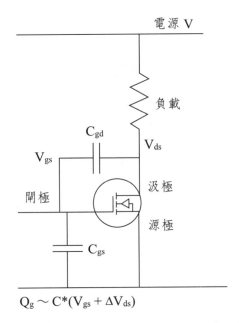

$$Q_g \sim C*(V_{gs} + \Delta V_{ds})$$

圖 11.4　具有寄生電容的 MOS 電晶體電路圖

　　接著不利用閘汲極和閘源極的極間電容 C_{gd} 和 C_{gs}，而改用閘極電荷 Q_G 討論，Q_G 也就是讓 MOS 電晶體導通所需的總電荷。在切換式電路中，閘極電荷 Q_G 非常重

要，常用的單位為奈米庫倫（nC）。平均閘極電流可由下式決定

$$I_G = Q_G * F_{SW}$$

進入 LED 驅動 IC 的平均電流為甚小的靜態電流 I_Q 加上閘極電荷 Q_G 和切換頻率 F_{SW} 的乘積

$$I = I_Q + Q_G * F_{SW}$$

上述的平均電流在計算 MOS 電晶體驅動電路的功率消耗時非常重要，功率消耗為 *V_supply*I*，其中的 *I* 即為利用閘極電荷 Q_G 算出的電流。

11.1.2　雙極性電晶體

在切換式及線性 LED 驅動電路中常用的另一種主動元件是雙極性電晶體 BJT，其操作係藉由電流放大的效應，也就是集極－射極電流為基極－射極電流的許多倍。BJT 的基極－射極電壓降約為 0.7V，也就是 PN 接面順向偏壓時的電壓降。在基極－射極接面間有微小的電阻，所以順向電壓降會隨著基極電流的增加而稍微的增大。

匹配的電晶體用處很大，尤其是用在電流鏡電路時。電流鏡是讓兩個或更多的分支載送相同的電流，負載分支中的電流係依照其他分支的電流而定，如同照鏡子一般的完全相同，故稱之為電流鏡。電流鏡電路中的電晶體不一定需要完全匹配，使用同一型號的電晶體即可具有非常相似的特性，再藉由在 BJT 射極以及電路接地之間加入一低阻值的電阻，即可忽略掉 BJT 的基射極偏壓 V_{be} 的變動，如圖 11.5 所示。

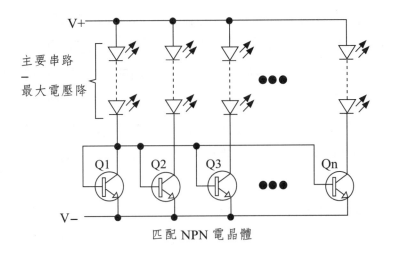

匹配 NPN 電晶體

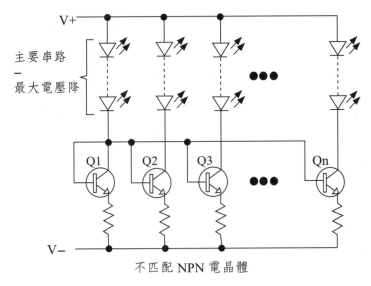

不匹配 NPN 電晶體

圖 11.5　電流鏡電路

11.1.3　二極體

　　二極體（整流器）的種類很多，此元件的重要參數有：逆向崩潰電壓、順向電流額定值（有平均電流額定值和峰值電流額定值）、順向電壓降、逆向恢復時間以及逆向漏電流。

　　蕭特基二極體為二極體中順向電壓降最低且逆向恢復時間最短者，但價格比標準

二極體貴上許多。雖然 Cree 公司最近生產出高壓的蕭特基二極體，但一般蕭特基二極體的逆向崩潰電壓值較標準二極體低上許多。蕭特基二極體並非由 P 型和 N 型半導體接面所構成，而是由 N 型半導體和金屬接面所構成，其逆向漏電流比大多數的 PN 接面二極體為高。蕭特基二極體的應用很多，包括逆向極性保護以及作為低壓切換式電路中的飛輪二極體。應注意的是，蕭特基二極體的順向電壓降會隨著該二極體的額定電壓值增加而漸增，所以使用額定電壓最低的蕭特基二極體有助於讓導通損耗維持在最低值。

二極體有時候會利用逆向恢復時間來做分類。當二極體上的電壓突然反轉時，一開始會有電流在逆向流動（因 PN 接面有電荷存在），而逆向恢復時間 Trr 即為當二極體逆向偏壓時停止導通所需的時間。有時候，依時間長短會分類為快、極快和超快幾種等級。例如 1N4007 等標準整流二極體的典型逆向恢復時間為 30 毫秒，但極快版的 UF4007 則為 $Trr = 75ns$，約快上 500 倍。近年來的元件更快，例如耐壓 600V、限流 1A 的整流器 STTH1R06 的時間為 $Trr \sim 30ns$。

逆向恢復時間較短的切換損耗較低，因為逆向電流通常是在 MOS 電晶體開關加上高壓時通過該 MOS 電晶體，所以時間越短者損耗越低。此外，快速恢復的二極體有時會造成電磁輻射干擾；在有的應用中，應使用溫和恢復的二極體，此種二極體在逆向偏壓時的關閉速度很快，但其變化的速度是可控制的。

在返馳型電源供應器中，可在初級線圈繞組上放置 RC 減振電路以避免 MOS 電晶體開關在關閉時所產生的超高壓。此減振電路通常會串聯中速的二極體以讓此二極體可持續地導通一小段時間，並讓振鈴電流通過此 RC 網路以儘快地衰減掉。

11.1.4　電壓截波元件

電壓截波元件是用來限制電路上的電壓，為電壓調節器或暫態抑制器的一部份。通常由半導體所構成的電壓截波元件包括：稽納二極體、瞬態吸收抑制器或壓敏電阻 VDR。

稽納二極體在順向導通時類似一般的二極體，但在逆偏時會在預設的電壓崩潰並導通。額定值低於 6V 的低壓稽納二極體在電流電壓關係圖上的轉折點較平緩，導通電流會逐漸增加；額定值高於 6V 的高壓稽納二極體（雪崩二極體）則有急劇的轉折

點，導通電流會非常快速地增加。在崩潰時，稽納二極體會產生點雜訊，通常可並聯小電容以減輕此效應。

　　瞬態吸收抑制器有點像稽納二極體，但是用來處理高電流峰值。瞬態吸收抑制器可能是單向或雙向的，額定值可從約 5V 的低壓至數百伏的高壓。即使暫態電流很高，設計在 275V 交流操作的瞬態吸收抑制器可將突波的峰值電壓限制在 600V 以下。

　　壓敏電阻在低壓時有高阻抗而在高壓時則為低阻抗，故隨著跨在其上的電壓逐漸增加會逐漸地導通。壓敏電阻可吸收高能的衝擊電流，而壓敏電阻的額定值常用能量的單位焦耳 J 而非用功率的單位瓦特 W 表示，因為衝擊電流存在的時間很短。在暫態電流很高時，額定值為 275V 交流的壓敏電阻可將衝擊電流的電壓限制在約 710V。

11.2　被動元件

11.2.1　電容

　　在 LED 驅動電路中，電容（電路符號為 C）的功能為儲存能量，而儲能的方式有二，慢速儲能和快速儲能。

　　當 LED 驅動電路是從低頻交流電源輸入供給電能時，在電橋整流器的直流端上需要慢速儲能。慢速儲能的目的是在輸入的交流電壓峰值（每個週期出現兩次）之間對 LED 驅動電路供給能量。雖然在有些飛機上可能會用到 400Hz 的交流頻率，但一般市電所用者為 50‑60Hz，所以最長需要保持能量並供給能量達 10ms。

　　對慢速儲能而言，常用鋁質電解電容，因為其能量儲存密度較高（與其它的介質電容相較，同等電容量所佔據的空間較小）。鋁質電解電容係由鋁箔加上濕潤電解液的介質材料所構成，因為構造的關係無法長期的用在高溫環境中，因為介質材料會逐漸乾掉而讓電容故障失效。

　　當切換頻率在 50‑500kHz 的範圍內時，切換式驅動電路常會需要快速儲能，此

能量僅需儲存很短的時間，短至數毫秒，所以快速儲能電容的主要特性是要能夠快速地儲存和釋放能量，這表示自感量要低（自振頻率高）。表面封裝元件通常會有較低的自感量，因為可免除引線所外加的電感。一般而言，快速儲能所用的電容為陶瓷或塑膠薄膜電容。

電容是由絕緣體（稱之為介電質）隔開的兩塊導電面（稱之為金屬板）所構成，該金屬板可藉由在絕緣材料上沉積金屬薄膜所製成，而介電質包含陶瓷、雲母或塑膠膜等等材料。電容的型式通常由介電質所決定，因此可分為（鋁質）電解電容、陶瓷電容及聚酯電容等。

陶瓷電容及雲母電容都是由絕緣平板所構成，雲母電容非常罕見，但陶瓷電容則常用。最簡單的構造是僅用一絕緣層並在兩側加上導電板。高電容值的電容則使用數層的絕緣層以及交錯插入的金屬薄膜層，而金屬薄層需依序地以 A 側、B 側、A 側、B 側等等的順序焊接在一起。

例如聚酯、聚丙烯、聚碳酸酯等塑膠薄膜電容使用了兩層金屬化塑膠薄膜，而此種電容的構造有兩種形式。一種構造與陶瓷電容相同，採用金屬化薄膜平板，常見於表面封裝聚酯電容中。

另一種構造的塑膠薄膜電容則使用捲筒薄膜，先把兩金屬化薄膜疊放，中間加上絕緣層，然後捲繞，就會得到中間以絕緣介電質隔開的兩個螺旋捲繞導體。因薄膜彼此間會有側向偏移，所以 A 側導體會從一邊伸出，而 B 側 導體則會從另一邊伸出（此技術有時稱之為外延箔片），故可輕易地從最後所得到的圓筒主體焊接引線。此電容主體的捲筒薄膜構造的外側可用金屬筒狀薄膜圍繞，可用於接地或接到電路上的地電位，以減少散逸的電場。為了容易識別，在有的薄膜電容外殼會標示電容連接的極性。

電容的特性並不理想。因電容係由絕緣層隔開的兩導電層所構成，此兩金屬板以及接上的引線會讓電容具有一些串聯電感。當切換頻率接近或超過自振頻率時，此自感會造成問題。因為導體以及絕緣介電質的緣故，電容也會具有稱之為等效串聯電阻或 ESR 的串聯電阻，此等效串聯電阻會造成損耗。圖 11.6 顯示電容的等效電路。

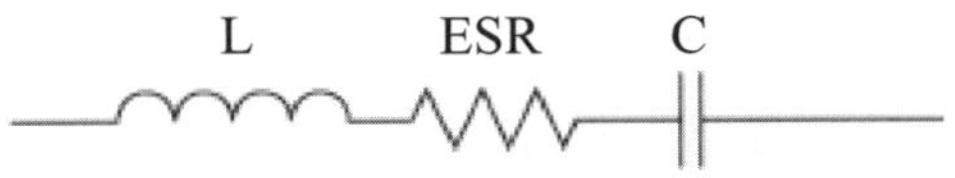

圖 11.6　電容器的等效電路

一般而言，鋁質和鉭質電解電容器的等效串聯電阻及自感的問題較嚴重，此類電容常用於電源供應部分的去耦合。數位電路的設計工程師長期以來習慣於在電源供應器去耦合之用的鉭質電解電容上連接 10nF 的陶瓷電容，因為大電容值的鉭質電容可吸收低頻暫態電流，而陶瓷電容可吸收高頻暫態電流。

耗散因素 DF 以及損耗正切是用於描述等效串聯電阻效應的名詞，耗散因素 DF 的數值可用下式計算：

$$\text{Loss tangent} = DF = \frac{ESR}{Xc}$$

其中，Xc 為電容在指定頻率時的電抗。損耗正切為電抗向量 Xc 以及阻抗向量（$Xc + ESR$）夾角的正切值，其中，等效串聯電阻向量 ESR 垂直電抗向量 Xc。

跟電容有關的一項重要問題是自振，是因元件的構造而產生：引線會有電感（雖然很低），而捲繞的電容也會有電感，因為通過電容金屬板的電流會循環繞行。若以引線長度同為 2.5mm（或 0.1 英吋）的電容來研究不同介質材料對電容自振頻率的影響，可發現：電容值 10nF 的圓盤狀平板陶瓷電容的自振頻率約為 20MHz，而同樣電容值的聚酯或聚碳酸酯電容的自振頻率亦約為 20MHz。

自振頻率大概可由電容引線的電感值計算求得。例如，直徑 0.5mm、長 5mm（每端的引線長 2.5mm）的引線電感值為 2.94nH，當裝在電容值 1nF 的電容上時，可計算出自振頻率約為 93MHz（下文有計算過程）；當裝在電容值 10nF 的電容上，自振頻率則降至 29MHz。

早期的文獻曾指出，每端引線長 2.5mm 的 10nF 電容的自振頻率為 20MHz，而非 29MHz。計算頻率和實際頻率之間差異的原因是未考慮到電容金屬板上的電感。當電容值增加時，電容金屬板上的電感也會增加，自振頻率的計算值和實際值之間的差異亦逐漸增大。

對電容值小於 1nF 的小電容而言，自振頻率可用下式大略計算之：
$f_R = \dfrac{1}{2\pi\sqrt{LC}}$ ，其中的 L 為引線的電感。對於在空氣中的電線來說，電感
$L = 0.0002b\left\{\left[\ln\left(\dfrac{2b}{a}\right)\right] - 0.75\right\}\mu H$ ，其中的 a 為引線半徑而 b 則為引線長度，所有的
尺寸以毫米（mm）表示，而電感值單位為 μH。

假設 $a = 0.25$mm（直徑 0.5mm）以及 $b = 5$mm（每一引線長 2.5mm），代入公
式可得電感值為 2.94×10^{-3} μH，也就是 2.94nH。代入求自振頻率的公式，並假設
電容為 1nF，可計算出自振頻率為 92.8MHz。

過去表面封裝電容多用於高頻電路中，因為無需擔心引線電感，目前則因此類元
件的尺寸很小，而被廣泛地使用。對切換式電源供應器而言，減少電感同樣有好處，
因為需要快速的脈波上升時間和下降時間。最受歡迎的表面封裝電容為積層陶瓷電
容，其內的金屬導板為平面且交錯的－電感值非常低。有些傳統的引線式陶瓷電容係
用表面封裝元件加上金屬引線，並會浸在環氧樹脂或類似材料後再在外部標示上電容
值和額定電壓。

陶瓷電容通常具有為零或負的溫度係數，NP0 或 C0G 係用以描述零溫度係數
的代號；而其他的陶瓷介質電容可用溫度係數表示，例如 N750 表示負溫度係數
為 −750ppm/℃的介質。較特別的介質為 X7R 和 Y5U，其介電係數很高，可用以製
造高電容值的電容，而此類電容的電容值容忍度很高。

除了 NP0/C0G 的電容之外，陶瓷電容尚有壓電效應。高壓的交流訊號會產生聲
頻雜訊，而此聲頻雜訊會隨著元件的尺寸增大而增加，所以在相同的電路中，尺寸編
號 1206 的表面封裝電容會較尺寸編號 0805 的表面封裝電容產生更多的雜訊。此外，
壓電效應也會讓電容值隨著外加電壓而改變。

聚苯乙烯電容和聚丙烯電容的負溫度係數與磁芯電感的正溫度係數非常相近，用
來設計 LC 濾波器非常地理想。不幸的是，因為介電係數的關係，為達到所給定電容
值所需的電容實體尺寸很大。

聚酯電容和聚碳酸酯電容常被應用。聚酯電容的特性最糟，因為功率因素差（高
等效串聯電阻）而且溫度係數差（正溫度係數），但因電容密度高（小體積即具有大

電容值）仍然很受歡迎。聚碳酸酯電容的功率因素較佳且正溫度係數較低,而且有另一有用的特性,也就是自我修復:當電壓過高絕緣崩潰時,此元件會回到非導通狀態,而非短路。

交流主電源所用的電容應符合 X2 的規格。對於通用的交流輸入電源供應器來說,常用的為交流 275V 的 X2 規格,可用的有聚酯電容和聚丙烯電容,而 100nF 即為電源端連接時常用的典型值,此電容可減少電磁輻射放射並吸收從主電流源而來的快速暫態衝擊電流。在一般的應用中,此電容可並聯壓控電阻(VDR 或壓敏電阻)。

交流電源線對地有時會接上電容,其需符合交流 250V 的 Y2 規格。此類電容通常可為介質電容、陶瓷電容、聚酯電容或聚丙烯電容,在 1nF 至 47nF 的範圍內可輕易地挑選到適用的電容值,在電源供應器的設計中,常用的電容值為 2.2nF。

11.2.2 電感

此小節討論的是標準電感及變壓器,客製化電感元件的細節將在第 12 章討論。

在切換式 LED 驅動電路中,電感(符號為 L)係用於儲存能量。長直電線本身會有電感,但把軟銅線披覆薄塑膠膜的常用絕緣電線繞成線圈後的電感會倍增。電線內電流產生的磁場耦合到本身以及鄰近的線圈;所產生的電感值正比線圈匝數的平方。

雖然簡單的線圈即可產生電感,但若把磁性材料放置於線圈中,則電感值更會大幅增加,故可把電線捲繞短的鐵氧體棒或鐵粉棒以增加電感值,但此類磁芯的磁場會向外輻射並產生電磁輻射干擾。此類電感的優點是以小體積即可達到非常大的飽合電流,典型的應用為 LED 驅動電路輸入端的功率濾波器。許多小電感值的電感外觀像末端引線型電阻,其上以色碼標示電感值。

線圈亦可環繞著圓環形(甜甜圈狀)的鐵氧體磁芯或鐵粉磁芯,以便保持住磁場。有的圓環形磁芯材料會有氣隙,此類電感的飽和電流非常高。環形電感的繞線不太容易,所以此類電感的價格比對筒狀線架繞線的電感貴上許多。

當用表面封裝元件時,常用的為屏蔽筒狀線架磁芯,也就是把線圈繞在筒狀線架上,並放在封閉的鐵氧體材料內。表面封裝電感的成本低且體積小,其線圈內部的中

心鐵氧體磁芯常設有氣隙以增加額定飽和電流,不過會減低電感值。

電感的行為是反抗其內流通電流的任何改變,因為儲存在電感內的能量係由電流所決定,即 $E = \frac{1}{2}LI^2$,若要瞬間改變電感的電流,所需的能量趨近無窮大。若忽略掉電感構造的物理缺陷,在電感加上電壓後,電流會呈線性的增加;接著把電感接上負載後,則電流會呈線性下降。若把電感在電源及負載之間交替地切換,則電流會升降地變化,但大致上會維持為定值。

在切換式 LED 驅動電路中,電感可用於對電源線濾波,因為電感儲能的特性是反抗電流的變化,所以對不必要的干擾訊號而言為高阻抗。當電感配合對不必要之干擾訊號而言為低阻抗的電容時,所結合的 T 型或 π 型濾波器可有效地減低高頻訊號的振幅。

電感所造成的問題很多。大感值電感的體積龐大且笨重,因為通常需由數十圈或數百圈的漆包線捲繞鐵氧體磁芯而製成。繞線彼此間會有電容性耦合,實質上引入一個在線圈上的平行電容器。此電容會造成電源供應器的切換損耗,或讓電源輸入濾波器的濾波效果變差。當超過自振頻率時,容抗特性佔主要地位,電感的阻抗會下降。

因為電線的本質阻抗,電感亦具有串聯電阻,此電阻會造成電源供應器的損耗並限制轉換效率的上限,而且電阻的熱效應也會造成問題。若在選用電感時僅在乎電感值是否正確,卻不考慮等效串聯電阻以及自振頻率等問題,一定會造成不良的後果。

電感會有磁損,其係因磁芯內的磁場需要能量才能彼此對準。在切換式電路中,這些損耗持續地發生並會造成磁芯過熱,當磁矩被迫在線性區外工作時,損耗更會大幅地增加。電感和變壓器磁芯的氣隙可提高磁性飽和程度,無氣隙的變壓器磁芯則非常容易飽和。

製造商所宣稱的飽和電流 I_{sat} 常設定在電感值下降 10% 處。若在每個切換週期電流會下降至零或接近零,則峰值電流應低於飽和電流,建議的峰值電流為 $I_{max} = 0.5 * I_{sat}$,且最好為 $I_{max} = 0.25 * I_{sat}$。注意,因有時候製造商所給的額定電流是由繞線線圈電阻產生特定熱量下的直流電流;故飽和電流的電流值會較低。有些製造商宣稱的飽和電流為電感值已降低至零電流時電感值的 60%。

電感的說明書有時候會給出在特定頻率下的 Q 值，此為調諧電路中電壓或電流的放大倍數。由 $Q = \dfrac{\omega L}{R}$ 可表示出電感的等效串聯電阻。因為集膚效應 skin effect 的緣故，上式求出的電阻較直流電阻量測更為準確。

集膚效應會提高電線在高頻時的阻值，此效應係因電線中間的感應力強迫電子在外側表面流動，故稱之為集膚效應。對於在數百 kHz 工作的電感來說，集膚效應是個嚴重的問題，可用多股絕緣銅線捲繞在一起來減輕此問題。此種稱之為 Litz 電線的多股繞線外部佈滿棉穗，在棉穗內有數股塗上瓷釉的銅線，可用於製造低頻及中頻無線電的鐵氧體棒狀天線。因為電流分佈在每股電線內，所以集膚效應較小；此外，所有股線加總的表面積會明顯大於相同直徑的實心銅線。

標準的變壓器會有兩組或多組繞線，磁芯內有無氣隙則不一定。對反馳型電源供應器和隔絕的 LED 驅動電路來說，會用有氣隙的磁芯，以讓存放能量之用的磁芯內可容忍較高的磁通密度。順向轉換電路是一種常用的電源供應器，使用無氣隙的磁芯，因為磁能會立刻轉移到次級繞組故不需要存在磁芯內，但 LED 驅動電路很少會用順向轉換電路的電源供應器。

有多組繞組的變壓器可用以產生升壓或降壓的匝數比，以便把切換電路的工作週期設定在特定的範圍內。應避免使用小於 5% 的極小工作週期，否則因系統內的延遲而難以控制切換電路；工作週期大於 50% 則會引起電路的不穩定，除非另外加裝補償電路。但在輸入電壓範圍非常大的情況下，可能無法避免使用大範圍的工作週期。

另一個會增加繞組的理由是自舉電路，此電路可對切換電路產生 8-15V 的電源。切換電路可從交流市電供電，但對高壓的輸入電源而言，效率會很低；若利用自舉電路，一旦電路開始切換後，自舉繞組上的電壓可自供電給切換電路。假設接 300V 直流電源時此元件需 2mA 的電流才能動作，也就是會消耗功率 600mW，但利用自舉繞組供電時，利用 10V 的電源僅需消耗 20mW。

11.2.3 電阻

電阻的種類很多。繞線式電阻罕見且少用在切換電流高的電路中，因其自感量很高，但可用在某些電源供應器的交流輸入端以讓快速變化的暫態電流或衝擊電流看

到阻抗。含碳成分的電阻雜訊大且溫度係數差,但因電感量低故適用在切換式電源供應器中,此類電阻的構造係在黏土般的棒狀體內加入碳粒,電阻值則依照碳粒接觸的表面積而定。最常見的為碳膜電阻和金屬膜電阻,表面封裝元件常用此類電阻的厚膜結構。

碳膜電阻的雜訊低且具有負的溫度係數,標準的電阻誤差值為 1% 和 5%,但也有誤差 0.1% 的電阻,只是比較貴。通孔電阻是把碳膜加在陶瓷棒上,接著在碳膜上切割出螺旋間隙以增加電阻,但此螺旋導體會形成損耗性電感。表面封裝電阻是在陶瓷層的其中一側加上碳膜,並用雷射切割碳膜已改變阻值,因碳膜的長度短,故電感值甚小。

金屬膜電阻的雜訊及溫度係數均低於碳膜電阻,標準的電阻誤差為 1%,但用高價可買到阻值誤差 0.1%、溫度係數 15ppm 的 E96 規格的精密電阻。此類電阻是以數層不同的金屬膜加上陶瓷模型上,以獲得正確的阻值和低溫度係數。當作成通孔電阻時,有時會在金屬膜上切割出螺旋間隙以增加電阻值,同樣會稍微增加電感。

因為所有的導體皆具有長度,故一定會有串聯電感,其值通常為每公分 6nH。事實上,在某些高頻電路中,僅用細金屬線連結即可形成電感。電阻亦為導體,故同樣具有電感,只是電感值隨電阻種類不同而異。厚膜表面封裝電阻的電感值遠低於其他類電阻。繞線電阻因結構的關係,電感值非常大,因電感值雖著繞線匝數的平方成正比。在表面切割螺旋間隙的碳膜電阻或金屬膜電阻會比單純的碳膜電阻或金屬膜電阻的電感值更大。而通孔電阻因為在兩端有金屬引線,故亦具有電感。

電阻亦具有電容性,因電阻的兩端面具有一定的橫截面積並被介電質隔開一定的距離。但此電容值甚小,一般為 0.2pF,即使對切換頻率高達 1MHz 的 LED 驅動電路的影響也甚小;不過在高頻的射頻電路以及高阻抗的電路節點中,則會有明顯的影響。

11.3 印刷電路板 PCB

在很多的應用方面中,為了人類健康的因素,已強制的管制含鉛銲錫的使用,少數著名的例外是軍事應用以及(很諷刺的)醫藥應用。但因危害物質限用命令 RoHS

禁用含鉛成分物質，這些例外應用不久後也將改變。包括 IC 封裝等電子產業禁用重金屬或致癌物質，導致銲錫成分也需改變－改用熔點較高的無鉛銲錫。

電路板是用來放置並連接元件的，對高頻電路和表面封裝電路而言非常重要。舉例來說，在高頻電路中，在兩條佈線之間的電容會降低調諧電路的共振頻率。而表面封裝電路則會因電路板的熱膨脹產生可靠性的問題；用銲錫固定銲在佈線上的元件若因熱膨脹係數有所不同，就會受到應力。電路基板的種類型式很多，玻璃纖維絕緣板 FR4 為最常見者。

通孔電路板近來逐漸少用，因為可用的通孔元件也變少。對低速電路和電路雛型而言，通孔電路板易於除錯及建構，為理想的選擇；但對於高速電路以及量產電路而言，表面封裝電路板的性能更佳且成本更低。

11.3.1 通孔印刷電路板

對射頻或高速數位電路而言，印刷電路板的元件側要有接地面。而在很多的情況中，LED 驅動電路可視為高速數位電路。

接地面的目的有二：一來可屏蔽元件以及下方的佈線，二來可作為低損耗的傳輸線。在標準厚度 1.6mm 的 FR4 電路板上，接地面和寬 2.5mm 的佈線可形成 50 歐姆的傳輸線。

當電路板上有電感時，在高速印刷電路板上加接地層的技術會產生問題，因為電感的端面與接地層之間會有電容性耦合，此電容與電感形成並聯的調諧電路，並會讓濾波器失諧。一種解決方法是移除電感下方的接地層；另一種解決方法是用墊片把電感架高，以降低耦合電容量。

11.3.2 表面封裝印刷電路板

在 LED 驅動電路中，廣泛地使用表面封裝元件，常見的有陶瓷電容。但表面封裝元件會因電路板的熱膨脹而被破壞，減輕此問題的一種方法是使用小尺寸的元件：應避免使用大於 1812（0.18×0.12 英吋）的元件。

陶瓷電容應以防水塗層保護，因陶瓷材料吸收水氣後會改變電容值。塑膠封裝也

有可能吸入水氣，所以最好是以防水塗層包覆整個電路板。在收納元件時也應多加考量，應用金屬密封袋，也可加入乾燥劑，這在組裝時可避免水氣進到電路板間，以免焊接時受損，因為水氣在受熱時會氣化。

通孔印刷電路板上佈有直徑 1mm 或更大的通孔，但表面封裝電路板不需要用到大的足以讓元件接腳通過的孔洞，故其通孔的直徑較小，常用的金屬化導孔直徑為 0.3mm（用以連接佈線而非用於元件的接腳）。

當電路板加熱時會對導孔造成問題，例如 FR4 的玻璃樹脂基板在溫度超過 125℃後的膨脹係數很高，因高於 125℃會超過玻璃轉換溫度，使膨脹係數比平常還高；Z 軸方向的膨脹會增加基板的厚度，並造成佈線和導孔襯墊間的斷裂。

因為需要對電路板加熱，焊接是項問題來源。波焊（屬無鉛製程，惟組裝溫度更高）的加熱溫度約 300℃，遠超過玻璃的轉換溫度。為減少導孔損壞的問題，所有鍍板通孔的壁厚應超過 35μm。此外，整片電路板的溫度循環也是項問題。

在電路板的表面上，元件和電路板會有溫度係數不匹配的問題，無引腳晶片載體 LCC 元件的熱膨脹係數為 6ppm/℃，但電路板 XY 平面的熱膨脹係數在低於玻璃轉換溫度時為 14ppm/℃，超過玻璃轉換溫度後更高達 50ppm/℃。再次一提的是，溫度循環會拉伸焊接點並引起故障，但若用鷗型翼 IC 則無此問題，因為引線可以稍微彎曲。

功率 LED 常用以鋁板為基底的印刷電路板，高功率 LED 驅動電路也可用此種電路板。傳統上，在印刷電路板上利用鍍銅鎳鐵合金可抑制熱膨脹並有助於散熱，但僅適用於聚醯胺基板而不適用於玻璃及環氧基樹脂基板。

阻焊膜可用於限制焊接的範圍，但會在引線或襯墊區域產生斑點。表面封裝 IC 的封裝較傳統引線元件小，因此在表面封裝的襯墊之間佈上阻焊膜並不實際。

有時會在佈線間距很細的印刷電路板上鍍 0.05μm 的金。鍍金或鍍鎳可讓表面平整有助於放置表面封裝元件，但鍍的太厚則易脆裂。

11.4 運算放大器與比較器

運算放大器的直流特性均會隨著溫度而變，其中受影響最大的可能是直流偏壓與偏壓電流等，交流特性則較不會受到溫度影響。

最大的問題是運算放大器不夠理想。理想運算放大器的輸入阻抗無窮大，輸出阻抗為零，頻率響應的放大率振幅一致且相位為線性。實際運算放大器大多具有非常高的輸入阻抗，故此項通常不會造成問題；但輸出阻抗則不為零，且可高達 100Ω，不過因為運算放大器常用負回授限制放大增益，同時會讓等效輸出阻抗降到接近零，故此項通常也不算是個問題。然而，此時需滿足運算放大器的增益頻寬積遠大於電路所需增益頻寬積的假設，若接近增益頻寬積的上限時，輸出阻抗會增加。

若運算放大器的增益頻寬積不足，會造成額外的相位偏移並在電路的頻率響應上出現尖峰，除非精心設計過電路，要不在截止頻率附近的增益可能不足 20dB，造成電路不穩定。當所使用的運算放大器增益頻寬積遠大於電路的頻寬時，可得到良好的頻率響應，由經驗法則來說，此值需為頻寬的 10 至 100 倍。

在 LED 驅動電路中，常利用比較器偵測檢測電阻中的電流大小。比較器可視為具有數位輸出的運算放大器，其可比較兩輸入端的電壓，並依照非反相輸入端高於或低於反相輸入端而將輸出設定為高準位或低準位。比較器通常具有內建的遲滯器以避免兩輸入在相同準位附近因抖動而讓輸出不斷地變化。

比較器的一項缺點是一定會有輸入偏移電壓，會造成切換錯誤並限制參考所用的最低電壓。舉例來說，HV9910B LED 驅動電路的電流檢測比較器具有約 10mV 的偏移電壓，而切換的最大臨界值為 250mV，故臨界範圍為 10-250mV，可提供超過 20：1 的調光範圍。但實際上，以此範圍內的低電壓值操作時的雜訊很大，故建議最低臨界電壓至少約 25mV。

把運算放大器接上正回授可當作比較器使用，但因運算放大器輸出級的原本設計為線性電路，故扭轉率低於正常比較器的輸出。

第十二章
電感及變壓器的磁性材料

Magnetic Materials for Inductors and Fransformers

在第 11 章討論過商業化標準的電感及變壓器，此章將討論用於製造客製化電感及變壓器的磁性材料與技術。電感及變壓器設計的主要目的是減少損耗，但這需同時考慮到銅損、磁芯損耗（鐵損）、磁化飽和、尺寸以及構造等。因本書的主題為設計 LED 驅動電路，僅會提到磁性材料的基本理論，細節部份讀者應參考相關的專門書籍。

電感是由電線的線圈繞在線架上，並由軟磁性磁芯材料環繞所組成。此處所稱的軟，指得是容易磁化，而且在外加磁力消失後也容易去磁化；硬磁性磁芯則類似永久磁鐵，餘磁很強，在移除外加磁力仍留有磁場。大多數的磁性材料皆具有某種程度的餘磁，而為克服餘磁以讓磁通密度歸零所需的磁場強度稱之為矯頑磁力。在顯示磁通密度與磁場強度的關係圖中，其關係曲線類似斜體的 S 形，但當磁場強度反向時，磁通密度不會以同樣的曲線往回。要回到圖上的同一點需要更強的磁場強度（更多的能量），故曲線變成胖 S 形，若此 S 形越胖，則磁損越大。

磁芯的橫截面為長方形或圓形，可分為兩半以便插入線架，當組合電感時，會用兩個彈性鋼夾（或黏著劑）把兩半的磁芯夾在一起。此種型式適用製造電感值從數毫亨利至高達約一亨利的電感。

客製化電感的優點是幾乎可製造出任意的電感值，因電感值正比匝數的平方，故所需的匝數 N 可由簡單的公式算出：$N = \sqrt{\dfrac{L(nH)}{AL}}$。此處的 L 用奈亨利（nH）表示的所需電感值，而 AL 為磁芯電感係數（每匝幾奈亨利），也就是單匝線圈所產生的電感值，單位為奈亨利。每種磁芯型號都有由製造商決定的磁芯電感係數 AL 值，可在製造商的資料手冊或目錄中查到。

磁芯電感係數 AL 與所用磁性材料的導磁係數有關，故依電感的操作頻率需選用不同的磁性材料。當需要特定的 AL 時，可從磁芯的中間部分移掉某些磁性材料，藉此產生氣隙。注意，要在磁芯的中間部分製造氣隙才可減少磁場的散逸，不可在外圍的磁性材料上製造氣隙，因外圍材料是作為屏蔽之用。氣隙的導磁係數低於鐵氧體材料，故加大氣隙會減少整體的 AL 值。雖然依磁性材料的導磁係數以及所需的 AL 值可能會加大或減小氣隙，但氣隙長度通常在 0.1mm 至 0.5mm 的範圍內。氣隙越大，則在不讓磁芯飽和的狀態下可獲得的磁力越強。

在電感和變壓器磁芯中的氣隙可提高磁性飽合的大小，一項應用實例是會有不連續磁力的功率因素校正 PFC 電路。在功率因素校正電路中，電流以高頻在開與關之間切換，在每個脈波之間通過的電流為零，其電流脈波的振幅正比於瞬時交流電壓而上升或下降，故平均電流為弦波，功率因素接近於 1（等於 1 則為真正的弦波）。

無氣隙的變壓器磁芯容易飽合；其 *AL* 值通常會遠大於由相同磁性材料製成但具有氣隙的磁芯。無氣隙的電感磁芯通常用於順向轉換電路中，其次電流與主電流同時流動，而在順向轉換電路中，在變壓器內不儲存能量。

若要求繞組間的耦合靠得很近時，常用雙線繞組。雙線繞組是用兩股纏繞在一起的絕緣線進行繞線，而三線繞組或更多組的繞組則是使用多股繞線。但若繞組間對絕緣電壓的要求很高時，不可使用雙線繞組技術，除非是用例如 Rubadue 電線等高電壓絕緣的特殊繞組電線。

因為在高切換頻率時需考慮集膚效應，有時候會利用多股繞線減少等效串聯電阻。因集膚效應會強迫電流在導體的外圍表面流動，若用絕緣股線，則等效的表面積會很大，可減少電阻。一種由多股纏繞電線形成的繞線為 Litz 電線，每股線由導體外包絕緣用的聚酯薄膜所構成。

12.1 鐵氧體磁芯

鐵氧體磁芯的形狀以及材料種類很多，此類磁芯易碎，故當掉落或以硬物敲擊時會斷裂。鐵氧體通常是鎂和鋅或者是鎳和鋅的化合物。大部分的鐵氧體導電性很差，會限制磁芯內的渦流。

因為鎳鋅鐵氧體在高頻時的損耗很高，可用在電磁干擾防制濾波器中的電感內，磁芯可吸收在 20MHz 至 1GHz 範圍內的大部分能量。

鎂鋅磁芯的損耗在超過 10MHz 時會增加，對高於 80MHz 之訊號的影響作用甚小，此特性使其在電磁防制濾波中幾乎無用武之地。

製造商資料中關於切換損耗和最佳切換頻率的部份應詳加研讀。鐵氧體磁芯在極低頻或極高頻的效果很差，一般的適用頻率為 10kHz 至 1MHz。

12.2　鐵粉磁芯

鐵粉磁芯常會作成環形（甜甜圈形），其是以含鐵氧化物混合黏土狀的泥漿物，烤乾後定型，製成後為具有軟磁特性以及高磁性飽合度的陶瓷材料。

此類磁芯適合用在切換頻率高達約 400kHz 的電路中。頻率範圍約 10MHz 至 20MHz 時的損耗很大，超過 20MHz 後作用很小，故無法用在電磁防制濾波的應用中。

12.3　特殊磁芯

有些專利化合物可製造特殊磁芯，例如鐵鉬鎳粉磁芯 MPP，其磁通密度通常可高達 800mT，遠高於傳統鐵氧體磁芯的 200mT。

MPP 磁芯為具有氣隙的環形磁芯，由鎳 79%、鐵 17%、鉬 4% 的合金粉末所製成，在所有粉末磁芯材料中的鐵損最低。

MPP 磁芯具有許多突出的磁性特性，例如高電阻（故渦流低）、低磁滯（磁化）損耗、在高直流磁化後或高直流偏流條件下的電感穩定性極佳以及在磁通密度高達 2000 高斯（200mT）的交流條件下的電感漂移最低。

12.4　磁芯形狀及大小

對客製化電感及變壓器而言，E 形磁芯最為常見。E 形磁芯具有看起來像字母 E 的兩個部份，其中間部分是用於穿過電線繞線用之線架的中間。E 形磁芯的中間部分會配合好以產生氣隙，如圖 12.1 所示，以讓磁芯可具有高磁通密度卻不會飽和。

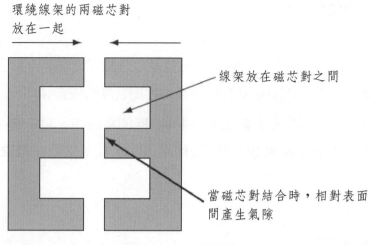

環繞線架的兩磁芯對放在一起

線架放在磁芯對之間

當磁芯對結合時，相對表面間產生氣隙

圖 12.1　E 形磁芯

E 形磁芯的變型為 EF 形磁芯和 EFD 形磁芯。EFD 形磁芯的中間部分比磁芯主體薄，故線架橫截面為長方形，而非正方形。

盆狀磁芯的主體為圓形，中間有孔，可將圓形線架放置在此孔洞內。但電路板上的區域通常為方形，這表示此種鐵氧體磁芯用的材料較少，且並未善用空間。除了需要在中間孔洞設置調整器的調諧濾波器外，甚少用到此類磁芯，

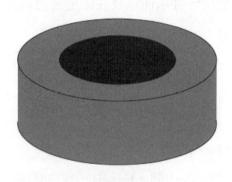

圖 12.2　環形磁芯

從電磁防制的觀點來看，環形（甜甜圈形）磁芯的特性很好，因為在磁芯內沒有會讓磁通量容易漏出的尖角，磁場可好好的保存在磁芯內。但環形磁芯的繞線難度很高，因為電線要多次地繞過中心的孔洞。環形磁芯需要特殊的磁芯繞組，其磁性飽和可能會是個問題，所以常用 MPP 磁芯以及鐵粉磁芯，因此類磁芯可具有高磁通密度。環形磁芯的示意圖如圖 12.2 所示。

12.5　磁化飽和

在磁芯會有磁化損耗，因需要能量讓磁芯內的磁場彼此對齊。在切換式電路中，這些損耗持續地產生並導致磁芯發熱。當磁化超過線性區時，磁化損耗會急速地增加。一般而言，應把磁通密度限制在約 200mT（200 韋伯／平方公尺）內。

若電感或變壓器通過的電流會不連續的大幅變動，例如在特定的返馳型變壓器以及輸入電感中，則磁通密度應低於 200mT。鐵氧體磁芯製造商建議因漣波電流或不連續操作模式所造成的磁通密度變化應小於 50mT。當電感需要能處理高磁通密度變化的能力時，有時會使用在高磁通密度下低損耗的特殊磁芯，則所用的磁通密度即可遠大於 50mT，這可大幅地縮減電感尺寸。

磁通密度 B 的公式為：$B = \dfrac{LI}{NAe}$，其中，L 為電感值，I 為峰值電流，N 為繞線線圈的匝數，而 Ae 為有效的磁芯面積。電感值以及峰值電流在設計 LED 驅動電路時已經算出來，在此階段不知道的是磁芯面積以及線圈匝數，但透過反覆運算可求出適當的近似值。

挑選適當磁芯的方法是先選一個已知有效面積 Ae 的磁芯，求出其匝數，接著計算在此磁芯尺寸下可用的最大 AL 值。線圈匝數可由上述公式移項後得 $N = \dfrac{LI}{BAe}$，而最大 AL 值的公式為：$AL_{\max} = \dfrac{L * 10^9}{N^2}$。

磁芯通常會用標準的 AL 值。當磁芯的標準 AL 值比上面算出的最大 AL 值稍低時，應選用此 AL 值，接著重新計算新的匝數 $N_1 = \dfrac{LI}{BAe}$。但當無法挑到較低的 AL 值時，應選用 Ae 值較高的較大磁芯尺寸，並重複上述步驟。應用時可製作簡單的對照表以讓上述步驟快速且簡便的完成。

12.6　銅損

銅損是用來描述線圈繞線使用之電線電阻所造成之能量損耗的名詞，在電感與變壓器中，99.9% 的線圈由銅線製成，在室溫 20℃ 下的電阻率約為每公尺 1.73 ×

10^{-8} 歐姆。但線圈工作的環境溫度通常會高於室溫，且會因操作時的能量損耗而被加熱。在不同溫度下的電線電阻可利用表 12.1 估算之，此表由 Mullard 公司（現在的 Philips 公司）研究所得。

表 12.1　電線阻值與溫度之關係

溫度	倍增乘數
20℃	1
40℃	1.079
60℃	1.157
80℃	1.236
100℃	1.314

不幸的是，電線阻值亦隨著通過電線之訊號頻率的增加而漸增。所謂的集膚效應是指電流引起之磁場會強迫電子在電線的外圍流動。電線內電流所產生的交變磁場會引起電場，此電場在電線的中心最強，會排斥電子並強迫電子流向電線的外圍表面。因此在電流變化時會產生對抗變化的抗力，也就是帶有些微的電感性。

在表 12.2 中給了幾種頻率的集膚深度，頻率越高者，電流越集中在電線的周圍表面。

表 12.2　集膚深度與頻率之關係

頻率	集膚深度
50Hz	9.36mm
1kHz	2.09mm
100kHz	0.209mm
1MHz	0.0662mm
10MHz	0.0209mm

幸好 Terman 發明一個計算線徑 D 的公式（單位為毫米），可讓集膚效應所增加的阻值不會超過 10%，把損耗維持在容許的合理範圍內。

$$D = \frac{200}{\sqrt{F}} \text{ mm}$$

舉例來說，假設操作頻率為 $F = 100\text{kHz}$，則電線直徑 $D = 0.63\text{mm}$。採用直徑大於此數值的電線不會得到太多的好處，因為電線的中間部分不會載送電流。事實上，在 LED 驅動電路或任何脈波調變的電源供應器中，會有超過切換頻率許多倍的諧波，在操作頻率為 100kHz 的情況中，300kHz 的頻率成分佔訊號中很大的比例。

在有的情況下，為讓變壓器縮到合理的體積，需忍受高於預期的銅損，但若要求在高切換頻率時仍維持在低銅損，無可奈何下只好採用昂貴的 Litz 電線。

第十三章
電磁干擾 EMI 與電磁相容 EMC

EMI and EMC Issues

提到電磁干擾與電磁相容時最常問的兩個問題是：電磁干擾與電磁相容有何差異？以及該用哪種規範？接著的問題可能是要用什麼設備才能符合這些規範？當然了，要符合規範通常需要花錢（要用到濾波器、屏蔽以及抑制器等），所以主要的目的是盡量以最低標準符合規範。

電磁干擾即 EMI，也就是電子設備在運作時所放出的輻射量有多少的問題。電磁輻射干擾為射頻輻射，不僅會干擾無線電系統，還會讓其他電子設備的機能失常。電磁干擾的一個例子是例如無線對講機以及行動電話等可攜式無線發射器的干擾，當在加油站附近使用時，會讓油槍的計數器顯示錯誤。加油站常見的警告標語為「使用無線發射裝置易引起火災」，但實際上最可能的影響是讓加油的量測計出錯。曾聽過個故事說，無線對講機的用戶在適當的時間發送訊號可讓油槍的計數器歸零，但這也可能只是個有希望成真的夢想。

所謂的電磁相容即 EMC，是評估電器系統抗拒外來電磁輻射干擾的優劣性。醫療設備對防禦電磁輻射干擾的要求很高，因為故障的後果是重傷或死亡。任何接到交流電源的電器設備均需能防禦衝擊電流的傷害，但防禦能力則依應用而定。進入建物內部之電線所接的電費表會碰到最大的衝擊電流，故防禦要求非常高，而室內照明以及家用電器對免除電磁輻射干擾的需求則低很多。

在詳細探討電磁干擾與電磁規範以及用以符合這些規範的技術之前，需先瞭解到何謂訊號。任何非弦波的訊號可透過傳立葉分析分解為基頻訊號加上頻率為基頻倍數的高頻諧波。舉例來說，工作週期為 50/50 的方波可分解為頻率為切換頻率的基頻訊號，加上振幅為 1/3 倍的第 3 階諧波，再加振幅為 1/5 倍的第 5 階諧波，再加上振幅為 1/7 倍的第 7 階諧波等。若方波訊號的工作週期不為 50/50，或切換的邊緣非垂直（實際訊號一定如此），則會有奇數和偶數的諧波出現，而諧波的振幅則難預估。一般而言，LED 驅動電路中 MOS 電晶體的訊號較接近後面的非理想情況。

13.1　電磁干擾規範

13.1.1　接交流電源的 LED 驅動電路

連接交流電源的 LED 驅動電路需符合 IEC/EN 61000‐3‐2 的諧波電流放射標準所規範的限制，此規範內有多個等級，與照明相關的是 C 級。表 13.1 列出的是在 IEC/EN 61000‐3‐2（2000 年第 2 版）規範內到第 40 階諧波的諧波放射量上限。

表 13.1　諧波放射量上限

諧波階數「N」	最大電流，C 級（基頻電流的百分比）
2	2%
3	（30 × 功率因數）%
4-40（偶數階）	無規範
5	10%
7	7%
9	5%
11-39（奇數階）	3%

從 150kHz 至 30MHz 頻率範圍內的放射限制則規定在 IEC/EN 61000‐3‐3 的標準內。

13.1.2　電子產品的一般規範

所有的 LED 驅動電路皆需要符合輻射放射規範 IEC/EN 61000‐6‐3，其包含的頻率範圍從 30MHz 至 1GHz。此規範的前身為美國的 CISPR22 以及歐洲標準 EN55022，CISPR22 及 EN55022 原本規範的是電腦與通訊相關設備，但已成為包含照明電子的所有電子產品的一般規範。

CISPR22/EN55022 B 級在 30MHz 至 200MHz 頻率範圍內的幅射規範為 30dBμV/m，而在 200MHz 至 1GHz 頻率範圍內的幅射規範則為 37dBμV/m，此

為在離測試設備 EUT 距離 10 公尺時量測到的訊號大小。因電磁訊號的功率正比於 $1/R^2$，也就是成平方反比；舉例來說，當離測試設備 1 公尺時，則輻射上限需增加 20dB（功率增加 100 倍，$10 \times \log 100 = 10 \times 2 = 20$dB），也就是分別為 50dBμV/m（30dBμ + 20dB = 50dBμ）和 57dBμV/m（37dBμ + 20dB = 57dBμ）。

13.2 良好的電磁干擾設計技術

觀察電路圖並決定電磁干擾的可能來源位於何處是相當重要的，而且是在設計印刷電路板之前即應進行。電磁干擾的主要來源為 MOS 電晶體開關，因為會快速地導通並具有高頻成分的陡峭邊緣。當觀察電路圖時，需考慮到高頻（100 - 200MHz）的效應。

在非常高頻時，一般被認為可阻隔交流訊號的電感會突然變成像是可輕易通過交流訊號的電容；同樣地，應具有低阻抗特性的電容在非常高頻時的特性會像電感，電解電容即為一例。因此，要細看零件的規格書，並詳察阻抗與頻率的頻率響應曲線，觀察共振頻率位於何處－說不定會讓你嚇一跳。

13.2.1 降壓電路範例

首先看一個簡單的降壓電路以便看出哪裏會有電磁干擾的問題，圖 13.1 即為典型的降壓電路。電路圖中的 IC HV9910 為脈波調變控制器，IC 內有時脈訊號可觸發閂鎖器，以致能閘極驅動輸出 GATE。接著 MOS 電晶體 $Q1$ 導通，且因電感 $L1$ 讓電流以定值增加。當 CS 腳位電壓升至 250mV 時，因為電阻 $R2$ 上面流過的電流，會重置閂鎖器並讓閘極驅動輸出禁能。雖然 MOS 電晶體 $Q1$ 關閉，但因有飛輪二極體 $D1$ 提供電流路徑故 LED 及電感上仍有電流流過。當用在降壓電路時，此 IC 幾乎可把 LED 的電流維持為定值。

當 HV9910B 的閘極腳位輸出 7.5V 的電壓時，MOS 電晶體 $Q1$ 會導通並讓電流通過電感 $L1$ 以及 LED，此時汲極電壓甚低，為電流檢測電阻 $R2$ 以及電晶體 $Q1$ 的汲極源極通道的電壓降。當電晶體 $Q1$ 關閉時，電感 $L1$ 上的電流不會停止，故電流會通過飛輪二極體 $D1$。當二極體 $D1$ 導通時，電晶體 $Q1$ 汲極電壓箝位在正電

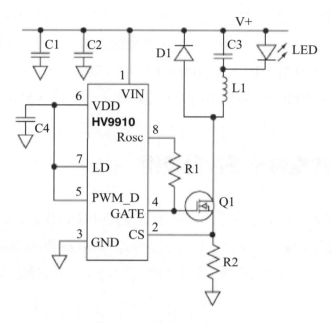

圖 13.1　降壓式電路

位,故汲極的電壓波形為方波,而快速上升及下降的波形邊緣會讓諧波的頻譜很寬。

　　圖 13.2 表示電流流動路徑的走向。分析的結果顯示,閘極電流路徑(深粗線)從接地端起,經由 V_{dd} 電源電容 $C4$,通過 IC HV9910B 後從閘極驅動腳 GATE 輸出,經過電晶體 $Q1$ 閘極以及電流檢測電阻 $R2$ 後,再回到接地端。LED 電流路徑(淺粗線)的分析結果則是從接地端開始,經過去耦合電容 $C1$ 及 $C2$,通過 LED 及電感 $L1$,經過電晶體 $Q1$ 閘極以及電流檢測電阻 $R2$ 後,再回到接地端。兩條路徑的電流均有快速上升及下降的邊緣。

　　圖中未顯示的是通過飛輪二極體 $D1$ 的電流。當電晶體 $Q1$ 關閉時,因為電感內儲存讓 LED 電流維持流動的能量,飛輪二極體 $D1$ 上會有順向電流。當電晶體 $Q1$ 開始導通時,飛輪二極體 $D1$ 上會有短暫的逆向電流通過,此逆向電流流動的時間很短(通常為 75ns 或更短),會產生衝擊電流,並會對 IC 產生錯誤的電流檢測觸發訊號。此逆向電流的一小部份成分是因接面電容所引起,但主要是逆向恢復電流。

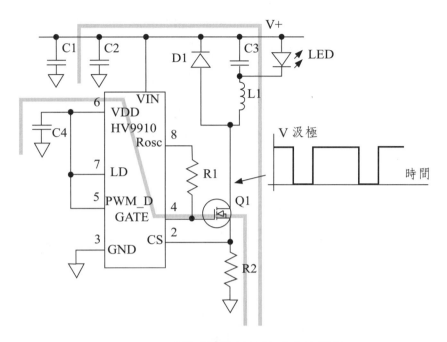

圖 13.2　降壓式轉換電路的電流路徑圖

逆向恢復電流是因有順向電流之二極體接面突然反轉極性時所引起，因為需花時間清除接面內的自由電子並在矽半導體內產生空乏區。在降壓式轉換電路中，當電晶體 $Q1$ 開始導通時飛輪二極體 $D1$ 處在順向導通狀態，故會有隨之而來的逆向恢復電流。

在此電路中，電容的選用相當重要，電容 $C2$ 在高頻時的阻值要低，以便把高頻電流傳送至切換式電源供應器中。在低壓的供應電路中，此電容的介質可用陶瓷或用例如聚酯等金屬化塑膠薄膜。

跨過 LED 端的電容 $C3$ 因電感繞線的電容而載送高頻訊號，此電感繞線電容僅僅是因絕緣電線彼此相繞成線圈所引起，而有的電感因構造的不同會有較大的自容。電容 $C3$ 需能忍受 LED 上的壓降，或在 LED 斷路時忍受供應電壓的壓降。電容 $C3$ 需為低阻抗並能載送高頻訊號，典型值為 100nF。

VDD 電容 $C4$ 應採用陶瓷介質電容，典型值為 22μF，可用低壓型式，建議之額定電壓值為 16V。

接著簡單討論一下電感 $L1$。前面已討論過電感 $L1$ 的繞線電容，其在電晶體 $Q1$

導通時會產生衝擊電流影響電路特性。但電感的磁場也要列入考慮,應採用屏蔽電感或環形電感以讓輻射的磁場減至最低。

　　若要用到濾波器,可在電流路徑的電源端加入電感 *L2* 以提升阻抗,如圖 13.3 所示。電感 *L2* 電源側的小電容 *C5* 可讓任何欲通過電感 *L2* 的小訊號並聯接地。原則上,加入電感 *L2* 及電容 *C5* 後會形成一個低頻濾波器,可衰減或減少從切換元件電晶體 *Q1* 而來的高頻訊號。

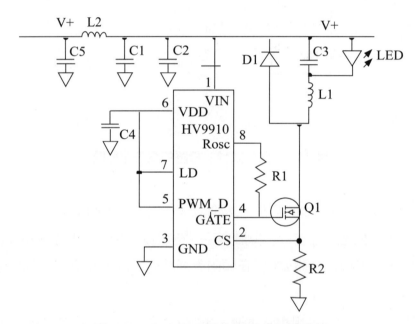

圖 13.3　具有濾波器的降壓式轉換電路

　　當加入濾波器但電磁輻射仍高時,可考慮在 MOS 電晶體閘極加上串聯電阻,阻值為 10 歐姆至 100 歐姆即已足夠。當電晶體 *Q1* 開或關時,此串聯電阻會減緩閘極的充放電,讓電壓轉換邊緣變得較為平緩,以減少高頻諧波。

　　在作印刷電路板佈局時,切換電流的路徑越短且越靠近越好,若元件無法擺在一起,路徑長度會比預期的稍長,但應把回流路徑並排以讓電流迴路的磁場最小化。圖 13.3 電路的印刷電路板佈局如圖 13.4 及圖 13.5 所示,圖 13.4 為底層的佈局圖。

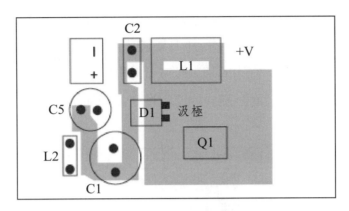

圖 13.4 PCB 底層佈局圖

注意一下接地連接線是如何從電容 *C5* 至電容 *C1* 接著連至電容 *C2* 後再連到接地面，不把電容 *C1* 與接地面直接連接是為了將電流控制在我們希望的流向。高頻訊號會從電容 *C2* 的接地側流掉，因為此處的高頻阻抗較低。電容 *C5* 及 *C1* 是用在整流過之交流輸入電壓峰值時維持住輸入電壓的，而非用來供應 LED 負載所需的高頻脈波電流。

圖 13.5 為印刷電路板元件側的佈線。正電源由橋式整流器 *BR*1 流至電容 *C5* 及濾波電感 *L2*，電流由電感 *L2* 另一側流出後，接連通過電容 *C1* 及 *C2*。注意，電容 *C2* 的連接端與二極體 *D1* 陰極的電流回流端相同，故高頻飛輪電流迴路是從 MOS 電晶體 *Q1* 汲極、通過二極體 *D1*、再經由電容 *C2* 回到地；此路徑的面積應小，以維持低阻抗並減少電磁輻射干擾。至於在接地的連接方面，電容 *C5* 及 *C1* 的高頻電流路徑應與低頻電流路徑隔開。

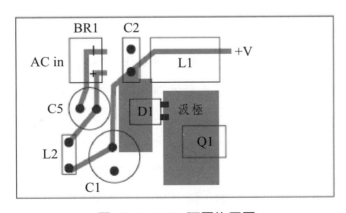

圖 13.5 PCB 頂層佈局圖

圖 13.6 以重疊的方式顯示電路板的兩側。注意，接地面在 MOS 電晶體 Q1 之汲極區以及電感 L1 的下方。因為電晶體 Q1 及電感 L1 皆有高頻及高壓的切換電流，在其下方佈局接地面可藉由在下方的屏蔽以及減低節點阻抗而有助於減少此區域的電磁輻射。無可避免的是，因接地面所造成的電容耦合會增加切換損耗。

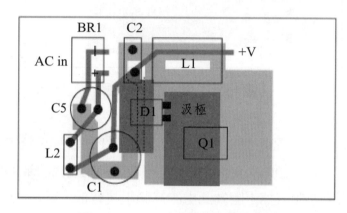

圖 13.6　PCB 頂層與底層佈局圖

13.2.2　Cuk 電路範例

Cuk 電路為升壓降壓式轉換電路，適用於直流輸入的應用中，其範例電路如圖 13.7 所示。

因為在前面的章節已討論過 Cuk 電路，此處不再詳述，而在印刷電路板設計的主要目的是讓切換電流流動的路徑越小越好。此外，主要切換元件下方的接地面亦有助於減少輻射。

當訊號源的阻抗與真空或大氣相近時（真空或大氣的本質阻抗為 377 歐姆），容易把輻射耦合入大氣中。偶極天線的金屬天線會在射頻共振並在天線端成為高阻抗，故可輕易地輻射和接收訊號。同樣地，若某塊包含高壓切換訊號的電路區域為高阻抗時，會造成電磁輻射干擾。而電路下的接地面可降低阻抗並減少輻射，在設計電路板時，設計者應將此點列入考量。

高頻輻射係由快速上升和下降的 MOS 電晶體汲極電壓邊緣所引起，降低 MOS 電晶體的切換速度可減小此種輻射，除了減少高頻輻射外，尚可減少由汲極閘極

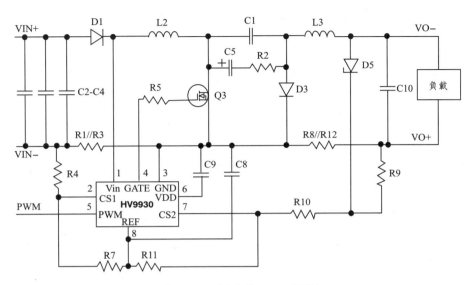

圖 13.7　基本的 Cuk 電路

極間電容與雜散電路電感所引起的高頻振盪。與閘極串聯的電阻 *R*5 可減慢對 MOS 電晶體閘極電容充電的閘極驅動訊號上升時間（電阻 *R*5 與閘極電容構成低通 RC 濾波器）。減緩 MOS 電晶體的切換速度會降低 LED 驅動電路的效率，但可省下外加濾波電路的成本。

　　在電源的輸入端很有可能會需要濾波器，圖 13.8 即是為了符合汽車電子規範所需的濾波電路範例。

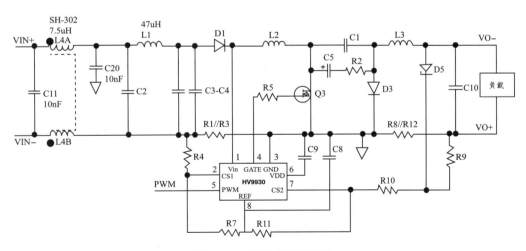

圖 13.8　輸入濾波電路

接著要說明的是輸入濾波器，先從切換電路的輸入端開始，再討論到外部的電源部份。

陶瓷電容 C3 和 C4 可提供高頻的電流，其上通過的高頻漣波非常少；因電感 L1 及電容 C2 形成的低通濾波器可阻擋任何會出現在電容 C3 及 C4 上的漣波。

電路的地與電源的地並不相同，因為兩個並聯的電阻 R1 和 R3 會切斷兩個地之間的連接，這表示對任何的高頻訊號皆需要從正輸入端到電路接地以及到電源接地的路徑。對電路接地的路徑係由陶瓷電容 C20 所提供，其電容值很小故在切換頻率下仍不會影響到電流檢測；而對電源接地的路徑係由大電容值的陶瓷電容 C2 所提供。

LED 驅動電路對地的雜散耦合可在正輸入端和負輸入端產生電位相同的共模訊號，這表示例如 C2 的差動電容不會有作用，因為電容兩端的電壓相同故不會有電流通過。對此種訊號而言，會需要用共模電感（扼流圈）。

共模電感 L4 有兩組電線繞組繞在共同的磁芯上，差動電流會產生相反的磁場，故最終結果是不會有淨電感值；但共模電流會產生相加的磁場，故有高電感值。所以共模電感對共模訊號而言為高阻抗，故可減少電磁輻射。

最後，在電源輸入端放置一個差動連接的小電容值陶瓷電容 C11，其在高頻時可提供低阻抗路徑。

接著要討論的是如圖 13.9 所示的輸出濾波器。

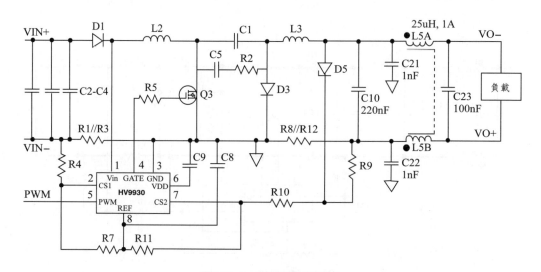

圖 13.9　輸出濾波電路

電路的輸出端需要用到濾波器，特別是在驅動電路以及 LED 負載之間的電線有相當長度時。若此段的電線距離非常短，所需的濾波器只要用到跨過負載的差動電容 $C10$ 即可。但因為 LED 和地之間的雜散耦合，當距離超過 10cm（或 4 英吋）時即會產生共模訊號，因此需用到共模電感 $L5$ 以及第二個差動電感 $C23$。而小電容值的陶瓷電容 $C21$ 和 $C23$ 可對由電感 $L3$ 以及並聯電流檢測電阻 $R8$ 和 $R12$ 所產生之高頻訊號提供電路接地的分流路徑。

除了可用電路板上的接地面減小切換電路在高頻時的阻抗外，可能還需要在元件外加屏蔽以減少輻射，此屏蔽的位置如圖 13.10 所示。

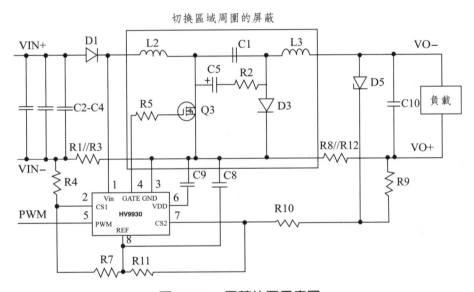

圖 13.10　屏蔽位置示意圖

切換區域上方的屏蔽和下方的接地面提供了可阻擋電磁輻射干擾的金屬圍牆。然而，總是會有些洩漏的電磁輻射，因為在金屬圍牆外仍有訊號會連接到電路的其餘部分。除非加上簡單的 RC 濾波器，否則即便是脈波調變的控制線都會有輻射。

13.3　電磁相容的規範

電磁相容的結果通常會因為前述的電磁干擾的預防措施而自動達成，因為若射頻

訊號不會離開儀器或裝置，就無法進入。然而，在作電磁干擾時，並未考慮到靜電釋放 ESD 以及衝擊電流免除。

人體在例如走過地毯或開啟塑膠信封袋等日常活動中會產生高壓靜電，帶電人體碰到電子設備後會造成損壞或機能失常，所以應保護儀器設備免於受到高壓放電。放電測試是利用 ESD 槍在 IEC/EN 61000-4-2 的規範下進行，接觸放電的標準電壓大小為 4kV，而空氣放電則為 8kV。

任何接到交流電源的設備皆需要能忍受如 IEC/EN 61000-4-5 所規範的衝擊脈波。衝擊脈波的開路上升時間為 1.2µs，下降時間為 50µs；家用設備是在交流電源上加入 1kV 的峰值衝擊電壓，另外在輸入端及接地端之間加上 2kV 的衝擊電壓。測試脈衝電壓為正值和負值，並在交流電源相位分別為 0、90、180、270 度時加入。

另一種衝擊測試是利用如 IEC/EN 61000-4-4 所規範的快速暫態突波 FTB，該突波內脈波的脈衝電壓為 ±2kV，上升時間為 5ns，並以 50ns 的時間衰減到 50%。這些脈波會以 5kHz 的頻率重覆（脈衝間隔 200 微秒），每次持續 15ms；每個突波內有 75 個脈波，突波每 300ms 重複一次，持續 1 分鐘。測試時先加上 ±250V 的突波，接著依序是 ±500V、±1kV，最後為 ±2kV 的突波。

13.4 電磁相容實務

連到交流電源線的設備需要做衝擊電壓測試，此衝擊電壓需數次地加在正常的交流電壓上以配合不同的交流相位。衝擊測試脈波產生器的來源端阻抗通常為 50 歐姆。衝擊脈波的能量需被吸收或反射以免損害到測試之設備，而吸收衝擊脈波的能量是最常見的損害避免方法。

變阻器是一種由金屬氧化物製成的壓敏電阻，可藉由截掉電壓以吸收能量。交流額定電壓為 275V 的變阻器雖然在約 430V 時即開始導通，但截止電位通常為 710V。變阻器通常為圓碟形且用金屬線接到端點，其可吸收的能量與尺寸有關，故碟形直徑與最大吸收能量（通常以焦耳表示）相關。例如，Epcos 公司直徑 9mm、額定電壓 275V AC 的碟形變阻器的額定暫態能量為 21 焦耳，峰值電流額定值為 1200 安培。

另一種能量吸收元件是暫態電壓抑制器 TVS 或 TransZorb™，此元件為矽製的稽納二極體，有更強的截壓作用，可以有雙向或單向的崩潰電壓。在交流系統中，需要雙向的崩潰電壓，但在汽車電子或其他的直流應用中，單向崩潰即以足夠。TransZorb 元件通常以峰值功率（瓦特）分級，常用的元件有 600W 及 1500W。

氣體放電管 GDT 是種偶而仍會用到的舊技術，其是在玻璃管內充入惰性氣體，管的兩端有金屬電極。當電極的電壓夠高時，氣體會電離並導通以截掉電壓。

在交流電源線上常會連接一塑膠薄膜電容（通常用電容值 100nF、交流耐壓 275V、X2 級），不僅有助於減少電磁輻射干擾及敏感性，亦有助於吸收部份的衝擊脈波能量。因衝擊抑制器對脈衝電壓的響應需花上點時間；故快速的暫態變化有時會幾乎無損耗的通過衝擊抑制器並對電路造成損害。

許多的電路系統會在橋式整流器後的電源線上加上一個大電容值的電解電容，此電容可吸收衝擊脈波能量，但電解電容的構造會產生些電感值，對快速上升的衝擊脈衝而言為高電抗。在此電解電容加上並聯的塑膠薄膜電容有助於吸收高頻能量。在交流電線直接加上例如變阻器的截壓元件仍是個好主意，因為在衝擊脈波到達橋式整流器之前即可先限制其大小。

電路設備接到交流電源的每一部份均應裝上保險絲，這對於例如變阻器等抗衝擊電流元件可提供限制能量的機制。當高能衝擊電流讓變阻器燒壞時，保險絲也會燒斷。有的人會在交流電源線以及變阻器之間加上高功率的繞線電阻，以限制通過的衝擊電流並避免變阻器燒毀。

在佈局印刷電路板時，應仔細地考慮佈線之間的間隔。空氣間隔的崩潰電壓約為每公厘 1kV，故在電源輸入端的高壓應有足夠的間隔，此避免崩潰及防火的最小空氣間隔為 3.2mm。在印刷電路板上，導體之間的間隔稱之為漏電距離，而電路中通電元件與外圍其他元件的間隔稱之為間隙距離。

可從整流過之交流電源供電的積體電路在高壓接腳附近通常會有不連接或 NC 接腳，此設計可提供適當的漏電距離。當未留間隔時，可在印刷電路板上切割狹縫，或可把接觸腳用保形塗料或樹脂塗佈，以增加絕緣性。

第十四章
溫度效應
Thermal Considerations

14.1 效率和功率損耗

LED 有時會被稱之為冷光源，因為就一般常識而言，物體要加熱到攝氏數千度才能發光。不過，LED 還是會發熱，而且是引起故障的原因。粗略地說，電壓降乘上通過的電流即為產生的熱量，故壓降 3.5V 電流 350mA 的白光 LED 會產生約 1.225W 的熱能。雖然實際上 LED 發出的光子或光線會稍微減少產生的熱能，但為了安全上的考量，設計時最好是採用較大的散熱器。

功率 LED 一定要裝在散熱器上。以交通號誌為例，可在直徑 6 英吋的圓形印刷電路板中間放置驅動電路，再把 6 或 7 顆 1W 的功率 LED 放在驅動電路周圍，而散熱器可裝在印刷電路板的背面以移除由 LED 和驅動電路產生的熱量。因交通號誌可能需要在高溫環境下運作，故需良好的導熱性；此外，考慮到長期的可靠度時，應避免在此類應用中使用電解電容。

在設計類比或切換式電源時，一定會談到效率，也就是功率輸出除功率輸入的比值 P_{out}/P_{in}，此比值也常用百分比表示。有時可直接把輸入功率減輸出功率就得到 LED 驅動電路的功率損耗，如圖 14.1 所示。驅動電路中的損耗會轉為熱量散逸。對效率 90% 的切換式 LED 驅動電路而言，要驅動 10W 負載需要的輸入功率為 11.1W（10W/0.9 = 11.1W），這表示有 1.1W 的功率損耗，並會成為熱量在 LED 驅動電路中散逸。

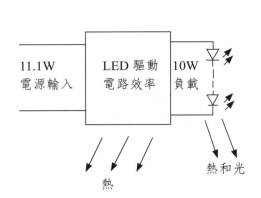

圖 14.1　驅動電路中的功率損耗

14.2 溫度計算

元件的溫度可用類似歐姆定律的簡單數學式計算。溫度可等效為電壓，熱阻等效為電阻，而熱流（單位為瓦特 W）等效為電流，如圖 14.2 的示意圖。

熱阻串聯時與電阻的計算相同，總熱阻應相加，如圖 14.3 所示。假設把一個 TO-220 封裝的元件裝設在鋁製散熱器上，則可把矽晶粒與封裝之間的熱阻、封裝至散熱器的熱阻以及散熱器至空氣界面的熱阻全部相加，以求得從矽半導體接面到空氣的總熱阻。

熱阻的單位為每瓦熱流凱氏幾度（K/W，注意，凱氏溫度 K 升降 1 度等於攝氏溫度℃升降 1 度），符號為 θ，熱阻的兩端標示在下標，例如，從接面到元件外殼的熱阻可標示為 θ_{JC}。舉例來說，假設 θ_{JC} = 1.2K/W，θ_{CH} = 0.1K/W，θ_{HA} = 2.4K/W（此處用自訂符號 H 表示散熱器），則表示元件外殼到散熱器的熱阻為 0.1K/W。若此元件的散逸熱量為 10W，因總熱阻為 3.7K/W（1.2 + 0.1 + 2.4 = 3.7K/W），表示矽半導體接面的溫度會比環境溫度高 37℃；當週遭溫度為 25℃時，矽半導體接面會高達 62℃。

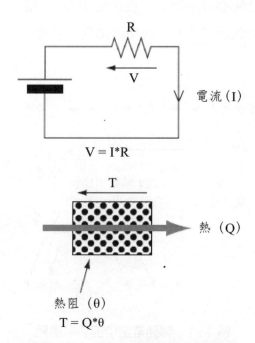

圖 14.2 溫度計算的等效電路圖

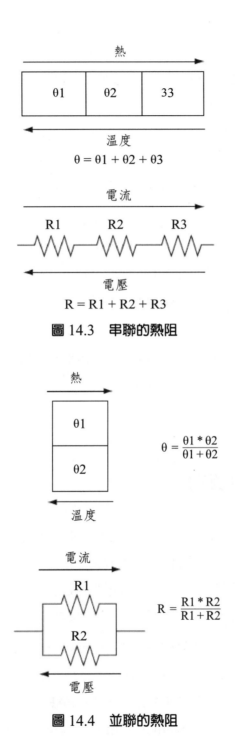

熱

| θ1 | θ2 | 33 |

溫度

$$\theta = \theta1 + \theta2 + \theta3$$

電流

R1 R2 R3

電壓

$$R = R1 + R2 + R3$$

圖 14.3　串聯的熱阻

熱

| θ1 |
| θ2 |

$$\theta = \frac{\theta1 * \theta2}{\theta1 + \theta2}$$

溫度

電流

R1

$$R = \frac{R1 * R2}{R1 + R2}$$

R2

電壓

圖 14.4　並聯的熱阻

　　並聯熱阻的計算也與電阻相同，總熱阻值會變小，其公式可參考圖 14.4。兩個 2K/W 的熱流路徑串聯後等效於一個 1K/W 的熱流路徑，這會讓正確的溫度計算更

為複雜，因為熱流路徑並不像電流路徑一般明顯。然而，對初步的計算而言，考慮到沿著明顯熱流路徑的溫度降即可得到足夠正確的結果，因不明顯的熱流路徑通常會有較高的熱阻，對溫度的影響較小。

因並聯之路徑可減小熱阻，故散熱面積越大通常會比小面積有較佳的散熱效果；反過來說，表面積越小，越無法大量地散熱。因此，體積小的驅動電路很難驅動高功率負載；當銷售部門要求設計更小的驅動電路時，記得用此回答。

半導體零件的製造商通常會詳細說明其生產元件的最低及最高接面操作溫度，例如從 $-40°C$ 至 $+125°C$，但要注意這並非環境溫度。商用元件的環境溫度範圍為 $0°C$ 至 $70°C$，工業元件的額定值則為 $-40°C$ 至 $+85°C$。軍用和汽車電子元件的環境溫度額定值為 $-55°C$ 至 $+125°C$，但這會讓接面操作溫度高達 $+150°C$，需要特定的半導體材料和封裝，因此一般都很昂貴。

元件製造商也會指明消散功率（環境溫度通常以 $25°C$ 為基準）。多數的製造商還會在說明書提供熱阻的資訊，有些會提供散熱器需求規格的注意事項，這些對設計者而言都非常有用。

14.3　溫控－冷卻技術

無論如何，熱量一定要散去，若熱源的熱阻很大，熱源溫度會上升直到散熱量夠大或到元件燒毀為止。高溫會降低元件的可靠性，所以一定要降低溫度。一種眾人皆知的冷卻技術是藉由散熱器減小熱阻，並讓散熱更容易。這在熱量均由同一個地方產生時（例如在 MOS 電晶體或電壓調節器中），非常的有用。

表面封裝功率 MOS 電晶體通常會包裝在 D-PAK 或 D2-PAK 的外殼內，此外殼具有用於散熱的翼片，這表示需將該翼片焊接在印刷電路板元件側的銅箔面上，或需用到表面封裝散熱器，如圖 14.5 所示。對 D-PAK 的元件來說，在標準的 FR4 玻璃纖維基板上，一平方英吋（$25mm \times 25mm$）的表面積會有 $\theta_{JA} = 30K/A$ 的熱阻；若把鍍錫銅片的表面封裝散熱器焊接在 MOS 電晶體兩側的印刷電路板上時，約可將熱阻減至 $\theta_{JA} = 15K/A$。

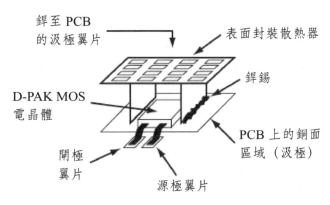

圖 14.5　表面封裝散熱器

在 TO-220 封裝中的通孔 MOS 電晶體可適用於各種尺寸的散熱器。小尺寸的散熱器可透過 TO-220 翼片插在 MOS 電晶體針腳上或鎖在印刷電路板上。大尺寸的散熱器可能會增加寄生電容並讓切換損耗變大，若欲避免可將散熱器連接到接地面。散熱器接地還可避免不必要的電磁輻射干擾，但應該用電性絕緣的導熱襯墊（由彈性材料製成以提供較大的接觸面積）把 MOS 電晶體與散熱器隔絕，只是 MOS 電晶體汲極（翼片）和散熱器之間的電容會增加切換損耗。

即便是 MOS 電晶體和散熱器之間不需要電性絕緣時，加上導熱襯墊或導熱膏仍是個非常棒的作法。因為 MOS 電晶體翼片的表面和散熱器的表面不夠平滑，在不加導熱襯墊或導熱膏時，可進行良好接觸的實際面積僅僅是所有可用面積的一小部分，而這兩個表面之間微小空腔所產生的氣囊會有很高的熱阻，如圖 14.6 所示。導熱襯墊或導熱膏可填滿這些空腔，以成為熱阻低的平滑面。

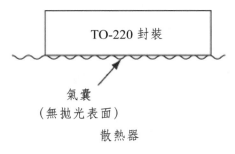

圖 14.6　氣囊所產生的熱阻

當電路板上有多個元件發熱時，一種解決方法是用風扇對整個電路板吹氣。儀器設備外的冷空氣吹過熱元件後可降低溫度，因為氣流可減低空氣界面的等效熱阻。

冷卻風扇的放置對冷卻效果的影響非常大。像電解電容這類的大物品易阻擋氣流，並會讓冷卻空氣吹離印刷電路板。此外，順著散熱器鰭片方向吹的效果較佳，若對著鰭片吹，僅能冷卻前後的鰭片，如圖 14.7 所示。

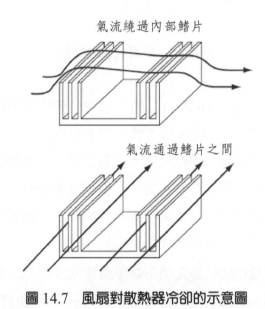

氣流繞過內部鰭片

氣流通過鰭片之間

圖 14.7　風扇對散熱器冷卻的示意圖

把風扇裝在設備的頂端且向外吹時可確保氣流向上，此時風扇有助於熱空氣向上的自然對流。若用兩個風扇時，把風扇裝在設備外殼的兩側邊會更有效。但當外殼很大時，可把兩個風扇裝在後方，一個風扇吹入而另一個吹出，讓空氣可循環通過內部的元件。

風扇也會有可靠性的問題，故需考慮加上故障安全防護機制，以免風扇故障無法運作。故障安全防護機制可監控電路板上對高溫敏感之元件的溫度，當溫度過高時，以低功率驅動 LED 或乾脆關閉都是解決的方法。

第十五章
安規問題
Safety Issues

　　本章會討論電氣安規的議題,但建議讀者應從管理部門或工安委員會等處得知最新的規定,此處只是要表達需考慮的問題很多,而非可作為設計工作的參考資料。光學方面的安規也需要考慮,但已超出本書的範圍,建議讀者查閱 LED 製造商提供的技術資料。

15.1　交流電源隔離

　　電源的隔離僅能利用變壓器,此變壓器可放在交流電源端或內建在切換式穩壓電路內。放在交流電源端的隔離用變壓器的體積很龐大,因為交流訊號操作在 50Hz 或 60Hz。

　　相對地,切換式穩壓電路輸出端的隔離用變壓器則非常小,因為切換式穩壓電路的操作頻率通常為 50kHz 或更高。當需要準確的電流控制時,需用額外的電子電路控制 LED 電流,也會需要一些隔離的回授電路。

　　對於接到交流電源的產品來說,通常需能隔絕方均根值 1500V 的電壓(頻率為 50Hz 或 60Hz)。LED 燈具有時會用在手術室或其他醫學應用中,而這些醫學應用相關的產品通常會需要能隔離更高的電壓。

15.2　斷路器

　　在電流過大的情況中,最常見的斷路器是保險絲。保險絲基本上是一段通過電流後會加熱的金屬絲,過熱後會融解,並切斷迴路。有種保險絲是把兩條金屬線銲在一起,其中一條稍有彈性,當銲點受熱溶解時,彈性金屬線會把接點拉開。保險絲的反應較慢,選用時應讓通過的電流超過負載名義上電流兩倍時可燒斷保險絲。

　　另外還有電子斷路器,當偵測到故障時會鎖定在關閉的狀態,所以通常會需要關閉電源並再次啟動。

　　Tyco 電子公司生產的保險絲在過電流時因電流熱效應會使阻抗變高,但等保險絲冷卻後可重新連接電路。

15.3　絕緣漏電距離

在大多數連接交流電源的電子電路中，需要考慮絕緣漏電距離，考量重點有兩方面：電殛或走火。舉例來說，焊接不良的接點會讓高壓接腳與電路中的低壓接點短路；而水氣或灰塵會讓空隙搭接並導通電流。無論是哪種情況，電流可能不夠大到能燒斷保險絲，但電殛或吸入毒煙對使用者來說卻可能致命。

絕緣漏電距離的規格與應用有關，有的元件在高壓接腳與低壓接腳之間有不連接NC的接腳，所以銲點不會搭接任何接腳。有的客戶會在電路板上切割狹縫以減少電路板的整體尺寸，但空氣中的絕緣漏電距離遠小於印刷電路板上的絕緣漏電距離，更為危險。解決方法之一是加上保形塗層，常用的有含矽彈性材料或聚氨酯漆。

15.4　電容規格

接在交流電源線上的電容需用 X 等級，常用者為 X2，雖然比標準電容貴得多，但可忍受較高的衝擊電壓。X2 級電容的直流操作電壓額定值通常為 760V，而從 265V 交流電源整流過後的最大直流電壓通常只會有 375V。在 X2 電容中，常用的介電質為聚酯或聚丙烯 MKP。

從交流電源線接地的電容需用 Y 級，常用者為 Y2。Y2 級電容的直流操作電壓額定值通常為 1500V。此種電容的電容值通常很低（比如說 2.2nF），介電質通常為陶瓷或聚丙烯。

橋式整流電路之後可用額定電壓為 400V 或 450V 的標準電容，因為操作電壓不會超過額定的工作電壓，通常可用比 X2 級電容更小且更便宜的電容。有的工程師會在橋式整流電路之後放置電磁輻射干擾濾波器，不過更佳的選擇是把電磁輻射干擾濾波器放在橋式整流電路之前，可避免衝擊電壓流到易受影響的元件。因為橋式整流電路直流側的電容會被充電，所以可減少因電流突然改變所引起的橋式整流電路瞬態變化。

15.5 低壓操作

UL1310 第 2 級規章以及歐洲 EN60950 安規標準（亦稱之為 IEC 60950）通常可應用於任何電子電路中。EN60950 安規原欲用在例如電腦以及相關硬體的資訊技術設備中，但因這是少數被歐洲以及世界上許多的其他國家所共同認可的標準，故成為大多數安規的參考標準。若某項設備可相容於 EN60950 安規，會被認為已盡力於合乎法規。

歐洲低壓規章 LVD 是涵蓋交流電壓 50-1000V 以及直流電壓 75-1500V 的所有產品的歐洲安規，另外還有涵蓋所有電壓範圍的一般產品安全規章。符合這些安全規章的產品在銷售時需要在產品貼上 CE 的歐盟標章，但要取得使用 CE 標章的認證還必需符合例如 EN60950 的安全標準。要注意的是，雖然設備內部的子模組不需要 CE 標章，但整組設備一定需要。可想而知，子模組運作時還是要符合安規，而且電磁輻射干擾不可過高到讓最後組裝的設備無法輕易地通過測試，要不設備組裝商會決定尋找其他的替代品。

為減輕安規測試的負擔，許多廠商會讓產品在低壓下操作。安全特低電壓 SELV 規章要求任何可觸碰的導電部分電壓（對地電壓或任何兩點間電壓）對直流來說不可超過 60V，對交流來說峰值電壓不可超過 42.4V（或方均根電壓不可超過 30V）。拿直流輸入（升降壓型）的 Cuk 轉換電路來說，當輸入電壓為直流 24V 時，輸出電壓不可超過 36V（60V – 24V = 36V），這是因為 Cuk 轉換電路的輸出會反向，所以輸入和輸出的電壓差為兩個電壓值相加。

除了可觸碰的電性連接部分需符合輸出電壓不超過 60V 的限制外，接交流電源的 LED 燈還需要符合所有安規的隔離標準。如果設備有隔絕護罩時，絕不可忽視上述的電壓限制，因為護罩可能會被使用者移開。雖然可藉由加裝微開關讓護罩移開時關閉設備，就可忽略該電壓限制，但是在使用者碰到可能會致命的電壓前，也有可能發生護罩破裂或被移開而且微開關損壞或失效的雙重故障情形。

參考書目
Bibliography

1. Brown, Marty. 2001. *Power Supply Cookbook*. Woburn MA: Newnes.

2. Pressman, Abraham I. 1998. *Switching Power Supply Design*. New York: McGraw-Hill.

3. Billings, Keith. 1999. *Switch-Mode Power Supply Handbook*. New York: McGraw-Hill.

4. Harrison, Linden T. 2005. *Current Sources & Voltage References*. Burlington MA: Newnes.

5. Zukauskas, Arturas, Shur, Michael S. and Gaska, Remis. 2002. *Introduction to Solid State Lighting*. New York: Wiley Interscience.

6. Kervill, Gregg. 1998. *Practical Guide to the Low Voltage Directive*. Oxford: Newnes.

7. Rall, Bernhard, Zenkner, Heinz and Gerfer, Alexander. 2006. *Trilogy of Inductors*. Waldenburg Germany: Wu·· rth Elektronik/Swiridoff Verlag.

8. Texas Instruments. 2001. *Magnetics Design Handbook*. Dallas TX: Texas Instruments Incorporated.

9. Montrose, Mark I. and Nakauchi, Edward M. 2004. *Testing for EMC Compliance*. New York: Wiley Interscience.

10. Montrose, Mark I. 2000. *Printed Circuit Board Design Techniques for EMC Compliance*. New York: Wiley Interscience.

11. Lenk, John D. 1995. *Simplified Design of Switching Power Supplies*. Newton MA: Butterworth-Heinemann.

12. Williams, Tim. 2001. *EMC for Product Designers. Meeting the European Directive*. Oxford: Newnes.

13. O'Hara, Martin. 1998. *EMC at Component and PCB Level*. Oxford: Newnes.

14. Mednik, Alexander and Tirumala, Rohit. 2006. Supertex Application Notes: AN-H48, AN-H50, AN-H55 and AN-H58. Sunnyvale CA: Supertex Inc. www.supertex.com.

名詞對照
Index for English to Chinese

Dimming ratio	調光比
Diodes	二極體
Discontinuous conduction mode (DCM)	不連續導通模式
Dissipation factor	耗散因素
Double buck	雙降壓型轉換電路
Dummy load	假負載
Duty cycle	工作週期
E-core	E 形磁芯
Efficiency	效率
Electrolytic capacitor	電解電容
Electromagnetic compatibility (EMC)	電磁相容
Electromagnetic interference (EMI)	電磁輻射干擾
Energy gap	能隙
Energy storage	電能
Equivalent circuit (to a LED)	等效電路（對 LED）
Equivalent series resistance (ESR)	等效串聯電阻
Failure detection	故障偵測
Fans	風扇
Feedback	回授
Ferrite	鐵氧體磁芯
Filter	濾波器
Flyback	返馳型轉換電路
Forward voltage drop	順向電壓降
Gain bandwidth	增益頻寬
Gas discharge	氣體放電管
Gate charge	閘極電荷
Gate drive	閘極驅動
Harmonics	諧波
Heat	熱
Heatsink	散熱器
Hysteretic controller	遲滯控制
Inductor	電感
Input offset voltage	輸入偏移電壓
Inrush current	衝擊電流
Iron dust core	鐵粉磁芯
Isolation	隔絕
Leading edge current spike	前導邊緣電流突波
LED equivalent circuit	LED 等效電路
Light emitted diode (LED)	發光二極體

Light flux	光通量
Linear dimming	線性調光
Linear regulator	線性調節電路
Litz wire	Litz 電線
Loss tangent	損耗正切
Low voltage	低壓
Magnetising losses	磁損
Metal film	金屬膜
Molypermalloy powder (MPP) core	鐵鉬鎳粉磁芯
Mood lighting	情境照明
MOSFET	金氧半場效電晶體
negative temperature coefficient (NTC)	負溫度係數
NTC thermistor	負溫度係數熱敏電阻
N-type	N 型
Open circuit protection	開路保護
Operational amplifier	運算放大器
Opto-coupler	光耦合器
Oscillator frequency	振盪頻率
Over voltage protection	過電壓保護
Overshoot	突波
Parallel LEDs	並聯 LED
Parasitic elements	寄生元件
Passive current control	被動電流控制
Peak current control	峰值電流控制
Phase dimmer	相位調光器
Piezo electric effect	壓電效應
Plastic film	塑膠薄膜
P-N Junction	PN 接面
Polycarbonate	聚碳酸酯
Polyester	聚酯
Polypropylene	聚丙烯
Polystyrene	聚苯乙烯
Pot-core	盆狀磁芯
Power factor	功率因素
Power factor correction (PFC)	功率因素校正
Power loss	功率損耗
Printed circuit board (PCB)	印刷電路板
P-type	P 型
Pulse width modulation (PWM)	脈寬調變

PWM dimming	脈寬調光
Recovery time	恢復時間
Resistor	電阻
Resonant frequency	共振頻率
Ripple current	漣波電流
Safety	安全；安規
Saturation current	飽和電流
Safety extra low voltage (SELV)	安全特低電壓
Screen	屏蔽
Schottky diode	蕭特基二極體
Single ended primary inductance converter (SEPIC)	單端初級電感轉換電路
Self-resonance	自振
Semiconductor	半導體
Series LEDs	檢測發光二極體
Short circuit protection	短路保護
Skin effect	集膚效應
Slope compensation	斜率補償
Snubber	減振器
Soft-start	軟啟動
Soldering	焊接
Stability	穩定性
Step up and down	步升及步降
Step-down	步降
Step-up	步升
Streetlights	路燈
Surface mount	表面封裝
Switching frequency	切換頻率
Synchronization	同步
Temperature	溫度
Temperature coefficient	溫度係數
Testing LED drivers	測試 LED 驅動電路
Thermal resistance	熱阻
Thermistor	熱敏電阻
Through-hole	通孔
Toroidal	圓環
Traffic lights	交通號誌
Transformer	變壓器
Transorb suppressors	瞬態吸收抑制器

Ultra-fast diodes	極快二極體
Voltage dependent resistor (VDR)	壓敏電阻
Voltage drop	電壓降
Voltage limiting	電壓限制
Voltage regulator	電壓調節器；穩壓器
Voltage source	電壓源
Wire-wound	繞線
Zener diodes	稽納二極體

國家圖書館出版品預行編目資料

高功率LED驅動電路設計與應用／Steve
Winder著；陸瑞強譯. －－初版.－－臺北
市：五南，2010.05
　面；　公分
參考書目：面
含索引
譯自：Power supplies for LED driving
ISBN 978-957-11-5979-9（平裝附光碟片）
1.電路　2.設計
448.62　　　　　　　　　　99007641

5DC6

高功率LED驅動電路設計與應用
Power Supplies for LED Driving

作　　者— Steve Winder

譯　　者— 陸瑞強

發 行 人— 楊榮川

總 編 輯— 龐君豪

主　　編— 穆文娟

責任編輯— 陳俐穎

出 版 者— 五南圖書出版股份有限公司

地　　址：106台北市大安區和平東路二段339號4樓

電　　話：(02)2705-5066　　傳　　真：(02)2706-6100

網　　址：http://www.wunan.com.tw

電子郵件：wunan@wunan.com.tw

劃撥帳號：01068953

戶　　名：五南圖書出版股份有限公司

台中市駐區辦公室/台中市中區中山路6號

電　　話：(04)2223-0891　　傳　　真：(04)2223-3549

高雄市駐區辦公室/高雄市新興區中山一路290號

電　　話：(07)2358-702　　傳　　真：(07)2350-236

法律顧問　元貞聯合法律事務所　張澤平律師

出版日期　2010年5月初版一刷

定　　價　新臺幣450元